U0257960

生态网络结构与格局演变

Structure and pattern evolution of ecological network

刘建华 —— 著

社会科学文献出版社
SOCIAL SCIENCES ACADEMIC PRESS (CHINA)

序　言

　　2020 年的春天给了我们更多的时间和机会与一本引人深思的好书相遇。

　　2020 年是实现全面建成小康社会的决胜之年，随着物质水平的上升，人们对精神层面的需求也越来越大，比如：新鲜的空气，清澈的湖水，充满绿荫的道路。每逢小长假，自然景观是人们选择出行的重要考虑因素。而在我国西北部的半干旱区，过去粗放型的开发方式，使得当地自然景观逐渐被人工景观所代替，生态环境遭到严重破坏，生物多样性下降、土地沙化、土壤被侵蚀等一系列问题也不断出现。

　　构建多层级的空间生态网络是维持西部半干旱区生态安全的重要保障。刘建华博士后的这部著作紧紧围绕着林业工程对多层次空间生态网络和景观格局的改善作用这一研究主题，对包头市的情况进行了实证分析。在 GIS 空间技术的支持下，利用景观生态学原理与复杂网络理论的分析方法，提取了包头市的层级生态网络，对网络空间结构、拓扑结构进行了研究并发现：在 2006～2016 年十年间市域景观特征发生了深刻的变化，城市化进程加速导致生态景观破碎。另外，还利用 ANN 模型提取了元胞自动机的邻域规则，同时利用 MCR 模型构建累积耗费阻力面，基于

MCR－ANN－CA 模型对包头市景观生态网络空间演化情况进行了模拟分析。

在对西北半干旱区的生态网络结构及格局演变研究的基础上，通过对土地荒漠化、土壤侵蚀、风沙灾害天气等生态问题的变化进行分析，研究内蒙古的林业生态工程沙尘防治效应，利用 GIS 和 RS 技术对全区生态系统结构特征和变化进行分析。然后用森林蓄积量、森林覆盖率、植被覆盖度三个指标分析全区的林业资源情况。通过面板数据模型，就生态工程建设对沙尘灾害的驱动效应进行分析，成功反映出了林业生态工程取得的效果。

总之，土地生态状况的改善与各项林业生态工程的综合作用密切相关，林业生态工程建设规模与森林覆盖率呈正相关关系。较高的植被覆盖和降雨量能够在一定程度上控制沙尘暴的出现，风速对于沙尘天气具有很强的促进作用。

本书结构框架合理，选择的方法指标也非常适宜，使得本书的研究更加饱满，富有逻辑性，引人思考。刘建华博士后的研究细致，希望未来能够更加脚踏实地、从一而终，继续发扬学者的钻研精神，做出更前沿、更具深度的研究。

中国工程院院士、中国社会科学院学部委员
2020 年 4 月于北京

目录
Contents

第一章

引 言

第一节

研究问题与动机

一　景观格局的优劣决定区域生态环境稳定与否

景观是由一组相互作用的生态系统所组成的异质性陆地区域，其空间上的格局分布称为景观格局（landscape pattern），分析景观格局要考虑景观及其斑块的拓扑特征（傅伯杰等，2011：264～270；刘茂松等，2004：1～3）。

传统的生态学思想认为生态系统应该是平衡的、稳定的、均质的以及可预测的，这种"自然均衡"的思想在自然保护和资源规划管理的实践中长期占据着主流地位。然而，实际上，生态系统并非一直处在"均衡"状态，相反，时间和空间上的异质性才是它们的常态，日益频繁的人类活动使得这一特征愈加明显，景观异质性是景观格局的具体表现（贾程等，2018：53～57）。在现实景观斑块中，发生着一系列的生态过程，包括垂直过程和水平过程，垂直过程发生在景观斑块或生态系统的内部，而水平过程则发生在不同的斑块或生态系统之间，这些生态过程可能是自然的，也可能是人为的，景观格局是自然与人类活动共同作用的结果。景观格局与生态过程相互作用，驱动着生态系统整体的动态服务体系，随之展现出一定的景观功能，从而构成生态系统服务，是景观生态学研究的核心内容（苏常红等，2012：277~283；胡巍巍等，2008：18~24）。

目前，景观格局的研究集中于空间异质性问题与时间异质性问题两个方面。空间异质性（spatial heterogeneity）是景观格局的静态分析，研究景观格局和生态过程的不均匀性与复杂性，其方法主要有景观指数及其空间特征统计分析。随着研究方法和遥感、GIS 技术的引入，时间异质性（temporal heterogeneity）问题即景观格局的动态演变逐渐成为重点，主要集中在景观动态演变分析、模拟和驱动因子分析等方面（于守超等，2011：7~9）。研究景观格局的方法，一般采用指数法。数据分析时，一般需要获取各景观要素的栅格数据，通过软件来计算高度概括景观现状的景观格局指数，然后通过分析这些指数得到景观特征。不同的指数代表着不同的生态意义，比如，斑块类型面积（CA），其数值越大，意味着斑块内的物种越丰富；面积加权的平均分维数（AWMPFD），该指标反映总体上人类活动对景观格局的影响程度和景观的复杂程度，它的值介于1~2，值越大，意味着影响越大、越复杂；等等。景观格局分析主要指用来研究景观构成及其空间配置的方法，最基础的手段是利用景观斑块计算景观格局指数，根据计算结果进一步分析景观格局与生态过程的复杂作用，从不同尺度上诠释生态环境，为进一步的生态规划和格局优化提供依据。简单地讲，景观格局分析能比较直观定量地反映出生态环境的情况，并为进一步的生态网络优化与生态环境改善提供依据。

二 生态网络结构稳定可有效遏制荒漠化

荒漠化是当今世界最重要的生态环境问题之一，土地荒漠化不仅影响生态环境，同时也制约着社会经济的发展（陈浩等，2003：58～62）。我国土地荒漠化最严重的地区主要分布于昆仑山、祁连山和乌鞘岭诸山北麓、位于贺兰山西部的内蒙古后套及乌兰布和沙漠、塔克拉玛干沙漠、河西走廊、阿拉善高原、宁夏银川灌区等地。荒漠化的成因根据衡量的时间尺度不同，得到的结论是不同的。目前已经得到广泛认可的结论是，近几十年来荒漠化的加速发展，主要是由于人类过度经济活动，包括滥垦、滥牧、滥樵、滥采等对资源的破坏造成的（樊胜岳等，2000：37～44）。

荒漠化的发展意味着绿洲的萎缩，相应的绿洲化作为逐渐修复区域生态环境的一种措施，是遏制荒漠化进一步扩张的切实有效的手段（于强等，2018：214～224）。一般来说，荒漠化地区必要的资源（水、土、生物等）都相对较少，并且分布比较破碎零散，相隔距离通常也比较远，这意味着这一地区的生态节点比较少，并且它们之间的连通性相对较差，整个生态网络处于不稳定状态，难以抵抗外界的干扰，并且恢复能力较差（王宪成，2004：5～9）。在荒漠化地区人为地建设绿洲，实质上就是增加了生态网络的生态节点，建设沟渠、道路和林带，就是增加了生态廊道。在生态网络分析中，生态源地节点的空间布局，决定了生态网络是否稳定，因此当重要的节点增多，生态网络的连通性就会增强，生态网络的空间结构随之将会得到很大的优化，整个网络的抗干扰能力和恢复能力将进一步提升。

三 复杂系统科学的发展促进景观生态学的进步

复杂系统理论（system complexity）是系统科学中的一个前沿方向，它是复杂性科学的主要研究任务。复杂系统科学认为，可以将一个复杂系统分成若干个小的子系统，根据复杂系统的规模和子系统之间关系的密切程度，一个复杂系统的子系统的数量是不定的，可以很多，也可以较少。因此，可以根据复杂系统中子系统之间的关系来定义复杂系统的规模，将其分为简单系统和巨系统（汪秉宏，2008：21～28）。在实际中，大多数复杂系统都是开放的系统，可以称为开放的复杂巨系统，这种系统由多种不同的组分构成，它们之间的关联关系是多种多样且动态变化的。复杂系统从不同角度出发可能存在不同的形式、状态和规模，并广泛存在于地理学、生态学、社会学以及经济学等众多研究领域。

景观生态学起源于欧洲，1939 年，德国著名地理植物学家 C. Toll 提出将研究景观中生物群落与生物群落之间、生物群落与环境之间综合因果关系的科学定义为景观生态学（黄冬蕾，2016）。随着研究的不断深入，景观生态学的原理和方法与土地规划、土地利用评价、自然资源规划等实际问题相结合，对于解决与生态相关的实践问题发挥着极其重要的作用（赵永强，2019：70～74）。

复杂系统理论经历了从分形理论、自组织理论、涌现理论到人工生命、复杂网络的发展过程，由此衍生出一个非常重要的景观生态学研究内容——生态网络。作为生物保护领域的重要概念，生态网络在空间规划中日益得到认可（黄冬蕾，2016）。复杂网络将系统中的不同个体看作网络的一个个节点，两个节点之间的某种特定关系被视为网络的边。生态网络则是一个由多种类型生物组成的复杂网络，生态廊道是其最为基本也最为重要的网络结构。生态网络也是一个复杂系统，在每一个节点和廊道中存在多种生态过程，从这个角度理解，生态网络可以被认为是一个为了维持生态过程一致性和完整性而演变的复杂系统。事实上，大多数生态网络都是人为规划设计的，生态网络中的各个要素之间会产生相互影响，共同抵抗自然产生的或者人为造成的干扰。

四 层级生态网络构建现实意义重大

生态网络是为了降低大规模的自然和半自然的生境的破碎化，保护生物多样性和生态系统健康而提出的概念，整个复杂系统由具有重要生态价值的斑块构成，网络的优化则是在功能和空间的基础上进行高效布局，涉及生物、气候、水文、土壤等因素（周秦，2011）。2002 年，约翰内斯堡的世界可持续发展峰会强调，生态网络是一项重要的生物多样性保护战略，并且该策略应与可持续发展的综合目标相结合。此后，学者将生态网络与多门学科相结合，研究领域不断拓展，研究对象和地域、运作实施及与其他规划的协调合作、规划资料和技术方法等各个方面都有了长足的进步和发展，该理论日益成熟和完善。生态网络的基本构成有核心区、缓冲区和生态廊道。部分研究在此基础上，增加了可持续利用区或恢复区，这些区域主要是根据其地质地貌和水文特征，同时考虑其与核心区联系的密切程度确定的。

中国传统的生态网络规划存在许多问题：在规划方面，缺乏统一有效的构建方法和技术标准，思路难以从线性规划向网络整体转变，不同层级之间的规划难以实现整体的配合；在功能方面，现今的大多数生态网络规划与优化，整体倾向于为经济建设服务，或者侧重观赏休闲等功能，对生态系统服务功能的维持、生物多样性保护等方面不够重视。在这样的情况下，各国学者开始探索涉及国家、区域和地方等多个层次的层级生态网络构建。目前，国外已经逐渐形成一套层级更加丰富、功能兼顾更加全面的生态网络构建方法。欧美包括德国提出"国际－国家－区域－地方"的层级生态网络结构，这种结构有利于各个层级的细化，实现生态网络构建的整体协调（张阁等，2018：85～91）。这样从不同空间尺度上对生态网络进行规划，大尺度的规划与小一级尺度上的细致规划相互协调，在此基础上，对景观斑块构成与配置进行合理优化，以达到使区域生态结构与功能更加稳定的目的。不同尺度的生态网络规划针对不同物种和环境、社会等的空间需求，从上到下多层级之间纵向协调，并可以根据不同的规划目的，通过不同的区域、地方之间横向协同配合，使得层级生态网络联系更加紧密、规划更加完善。

五 林业生态工程的意义

随着人口的增加，工业和经济快速发展引起了一系列问题（黄玉敏，2014），如环境恶化、生态破坏、土壤被侵蚀和能源紧张等。内蒙古地区存在严重的环境问题，特别是西部地区气候干旱造成了内蒙古土地沙化问题严重，土壤被侵蚀，风沙灾害天气出现，严重影响人们生活的环境以及质量，不利于经济可持续发展和社会不断进步（詹秀娟，2011：24～26）。近年来，这些问题引起了人们的广泛关注，经济和环境的可持续发展是人们追求的目标，生态环境合理发展是经济健康发展的必要条件。为了可持续发展，人们开始关注环境的保护。

为了保护环境和提高环境质量，政府开展了一系列的生态工程建设（孟天琦，2014）。自1998年至今20多年的时间国家已经启动六大林业重点工程，如：天然林保护工程、退耕还林还草工程、"三北"和长江中下游地区等重点防护林体系建设工程等（张力小，2010），内蒙古每年造林任务占全国任务的1/10。自生态工程实施以来，生态环境建设取得了良好的效果。尤其是以"三北"防护林、退耕还林工程等国家林业工程为依托（褚卫东等，2005：44~45），扎实推进重点区域林业生态建设工作的开展（张建龙，2010：5）。

沙尘天气是在大风的作用下形成的，大量的沙尘被卷起，使空气变得混浊（范一大等，2002：289~294），是一种危害性天气。由于沙尘不利于人类生存，会对人的身体造成伤害，对人们的经济和社会活动都会产生不利影响，人们意识到沙尘天气亟须治理。

内蒙古自治区位于中国的北部，形状狭长，由东北方向向西南方向斜伸，东西距离为2400km^2，南北距离为1700km^2，内蒙古面积为118.3万km^2，在东北、华北、西北三区均有分布，占全国总面积的12.3%，名列第三。在4200km的国境线上接壤着蒙古国与俄罗斯，内与我国8省市毗邻（乌云塔娜，2013：15~17）。由于内蒙古存在这样的地理环境，随着林业生态工程的实施，全区林地类型结构发生明显变化，主要体现为：东部区域林地面积增加明显，西部则表现为灌木林地大幅度增加，充分反映了宜林则林、宜灌则灌、宜草则草的林业生态建设原则。

本书选取内蒙古地区来研究生态工程建设对沙尘天气带来的影响，不仅是因为内蒙古是我国各项林业生态建设工程唯一全覆盖的重点省份，该地区有很高的代表性，而且由于气候和人文因素，内蒙古地区有一半以上受沙尘天气的影响，35% 以上为沙化土地，是我国防沙治沙的重点区域。

内蒙古地区面积大，存在复杂多变的自然环境，生态环境也比较脆弱（巴雅尔等，2006：91～95）。社会发展的同时，人们对自然的索取也越来越多，造成了内蒙古土地沙化问题严重，土壤被侵蚀，风沙灾害天气出现的频率提高。通过"三北"防护林工程、天然林保护工程、退耕还林工程、京津风沙源工程四大林业生态工程的实施，希望可以改善内蒙古地区的环境状况（杨艳霞，2014）。

本书是在中国生态建设进入"治理与破坏相持的关键阶段"、林业生态工程实施的关键时期、政府政策和资金支持在其中起主导作用的情况下（董晖，2006：9～14），对内蒙古的林业生态工程实施效果进行研究。本书在理论和实践相结合的基础上，利用 GIS 和 RS 技术对全区生态系统结构特征和变化进行分析，用森林蓄积量、森林覆盖率、植被覆盖度三个指标分析全区的林业资源情况（黄勇，2013：5412～5413）。通过对生态问题变化的分析，可以反映林业生态工程取得的效果（宋羽中，2014：234）。本书通过面板数据模型，就生态工程建设对沙尘灾害的驱动效应进行分析。

因为我国的林业内部体制变化比较慢，所以在很长的时间里，林业一直都是缓慢发展的（高军，2013：267）。之后随着经济的发展，再加上国家对林业开始重视，进行了林业生态工程建设，这是我国林业发展的重要方式，但现在需要进行转变（程伟，2013：31～32），为了林业更好地发展，要加快林业生态工程的实施。

第二节

干旱区景观格局相关研究进展

一　干旱区的生态脆弱性

（一）生态脆弱性的概念

生态脆弱性具有非常广泛的概念和认识，从生态脆弱性的历史进展看，在不同的研究领域、研究方向、研究目的中，对于生态脆弱性有着不同的理解（文剑平等，1993：131～133）。到目前为止，对于生态脆弱性的概念认识可以从以下几个方面理解。一是从生态环境方面理解，当生态环境受到外界破坏，而且超出了本身的修复能力，那么生态环境将发生变化，达到脆弱的状态，进而使生态系统进入不稳定状态（常学礼等，1999：115～119）；二是从人类的能力上认识，当人类对生态环境起不到修复作用的时候，说明生态系统达到十分不稳定的状态（赵桂久等，1993），因此整个生态环境就具有生态脆弱性（赵桂久等，1995）；三是从人与自然两者的联系上研究，人类在生态系统中扮演着重要的角色，人类的种种行为直接影响着生态环境的变化（邓楠，1991：23～24）。结合上述分析和认识，生态脆弱性是指当整个生态系统受到外力破坏的时候，最终变得不稳定。

（二）国内研究进展

对于生态脆弱性的认识与研究，我国接触得稍晚一些，在 20世纪末期（黄益斌等，1999：316～321）才刚刚进入这方面的研究。最开始接触生态脆弱性这一概念是在 20 世纪 90 年代的会议上（张国防等，2000：51～55），在这一年生态脆弱带的概念被牛文元指出（牛文元，1989：97～105），并且对于脆弱带一些指标的相关研究进行了详细的总结，最终得到的结果表明生态脆弱带的空间分布可分为七种类型，此后国内关于生态脆弱性的研究开始兴起。杨明德从系统的概念以及人与自然的方面出发（杨明德，1990：21～29），阐述了部分区域生态系统环境的功能、结构和特性，并且对于这些地区地形地貌的生态脆弱性进行了研究，最终得出的结论是由于生态体系变异的较高的敏感度，较小的环境容量和较小的灾变经受阈值的弹性是环境脆弱性的主要特征。朱震达研究了国内土地荒漠化和生态脆弱性（朱震达，1991：15～16），通过研究他得出的结论是生态环境的退化是由人类活动的侵占性和不合理地利用资源造成的，因此，他认为我国生态环境脆弱性由两种类型带构成。同年杨勤业统计了我国的生态环境脆弱区（杨勤业等，1992：1～10），通过统计得出我国生态环境脆弱区分为三个级别，其中生态环境极脆弱区大约有100 个，生态环境脆弱区大约有 210 个，生态环境较脆弱区大约有 90 个。孙武在 1995 年提出衡量脆弱的重要指标是人口（孙武，1995：419～424）。王经民等在 1996 年研究了黄土高原的生态脆弱性，通过划分系统区域得出了脆弱性方程，赋值指标权重，最终得到数字化的脆弱性结果（王经民等，1996：32～36）。周劲松在 1997 年认为脆弱性的影响与生态系统内部和外界人为压力这两方面有关（周劲松，1997：10～16）。赵跃龙在1996年研究了黄河流域的生态脆弱性（赵跃龙等，1996a/b），研究了该领域生态脆弱性的特征、类型和形成，而且提出了很多建议和措施。张龙生分析了甘肃省的生态环境脆弱性（张龙生，2009：60～61）；刘正佳等基于SRP概念模型评价了沂蒙山区生态脆弱性，从生态恢复力、生态压力和生态敏感性三个方面选取了13个因子形成了评价体系（刘正佳等，2011：2084～2090）；贺新春等比较了生态脆弱性评价方法在生态环境中地下水环境的应用（贺新春，2007：2386～2387）；勒毅等研究了环境预测方向的应用进展和生态脆弱性的评价；陈焕珍通过分析山东省大汶河流域的人为干扰情况和自然环境情况，研究了一套符合该流域生态脆弱性的指标体系（陈焕珍，2005：208～210）。上述大量的研究内容，为我国生态脆弱性理论研究方法提供了重要的积累过程（商彦蕊，2000：73～77）。在2008年之后，生态脆弱性的研究逐渐受到重视，越来越多的国内相关人员开始关注生态脆弱性的发展，并把多方位的研究趋势综合起来。生态脆弱性内涵已经成为研究的热点，大量的研究表明，把实际的理论研究与实践对接是接下来的发展趋势。为了更加清晰、更加准确地研究生态脆弱性，最终达到脆弱性的整体综合性研究，李贺等把现有的生态环境脆弱性理论分析分成了五大类，从而综合考量这五大类，得出各自的优点和缺点，最终得到一些分析方法和基本原则（李贺等，2009：196）；崔胜辉等结合敏感性的探究去分析全球一体化下敏感的内涵、特征以及发展的趋势（崔胜辉等，2011：7441～7444）；乔青等人得出生态脆弱性评价的基本判定指标包括生态弹性度指数、生态压力度指数以及生态脆弱度指数，最终总结出某一区域生态脆弱性的空间分布规律（乔青等，2008：117～

123）；陈云等在分析方法和地理信息的基础上，选取了生态环境的恢复指数和社会存在的压力指数（陈云等，2008：33~36）；范强等在 GIS 与空间模型相互作用下，对断裂点模型进行改进，划分和分级了内蒙古自治区科尔沁左翼中旗城镇体系结构（范强等，2014：601~607）。随着生态脆弱性研究的发展，我国生态系统正朝着多元方向前进（马骏等，2015：7117~7129）。但是，目前来看，由于研究区域存在差异性，研究目的不同，最终得不到一个准确的概念，评价方法过于单一，评价指标过于广泛，导致不能够完全体现出地理环境的综合影响。

（三）国外研究进展

国外对于生态脆弱性的研究已经有一段历史了，内容十分广泛，生态学的概念是在 20 世纪初期由 Ecotone 提出的（商彦蕊，2000：73~77）。1905~1960 年称为初级阶段，美国研究人员提出了"生态过渡带"的概念后（刘平等，2003：32~36），生态脆弱性的研究受到更多人的关注与重视。随着环境逐渐受到破坏，人们开始重视环境问题，从而促进了相应研究领域的发展。法国学者 Margat 和 Albinet 在 20 世纪 60 年代引入了"生态脆弱性"的概念，后来 Foster 和 Verhuff 等人对其进行了深入的研究和探讨。1962~1990 年称为发展阶段，由于工业的不断发展，各国学者开始热衷于研究生态环境问题。国际生物学计划（IBP）在未考虑人类活动影响的前提下，运用生态系统的评价模型分析生态环境（高洪文，1994：32~38）。MAB 研究不同层次的生物圈（Dow，1992：417－436），从而推测生物圈所产生的巨大影响是人类活动的结果。在这一阶段举行了很多相关的会议：预示着联合国统一负责国际环境管理的人类环境会议在 1972 年召开，Ecotone 新概念在 1988 年重要生态会议上通过,"生态过渡区"的概念再次确定,这次会议促进了各国学者对 Ecotone 的研究 (Evans et al.,1981:29 - 50)。同年,IPCC 成立,预示着生态环境研究进入新的时代 (Djuraev,1986)。1991 年至今这一阶段,全球已经把生态脆弱性研究作为主要研究的问题。到 21 世纪,把人与自然的研究结合到生态脆弱性中 (Nitsche et al.,2008:169 - 180)。之后,众多学者运用 RS、GIS 等技术来分析出现的生态环境问题。当前,国外主要将研究重点聚焦在沿海地区生态相对脆弱的地方,并进行相应的生态研究。Dwarakish 和 Taramelli 通过研究分析了沿海区域的生态环境脆弱性,提出了针对保护类似区域的生态环境和降低自然灾害风险的对策。

二 干旱区景观格局的重要性

(一) 国外研究进展

现如今对于景观格局的研究已经成为社会各界的热点话题,文献统计显示大多来自国外。最初对景观格局概念进行研究的是 Forman 等 (Forman et al.,1995),并且奠定了坚实的基础,之后 Turner 等研究了景观格局干扰的问题。随着研究的进展,各界学者开始研究景观尺度的问题,Turner (Turner,1990)、O'Neill 等 (O'Neill et al.,1988:196 - 206) 和 Krummel 等 (Krummel et al.,1987:153 - 162) 研究了尺度、生态过程和景观格局指数之间的关系,这一研究充分证明了景观格局可以在不同尺度上选取适宜的参数和指数来描述。伴随着新的技术和研究手段的出现,研究人员开始着重在空间统计学上对景观格局和尺度问题进行研究，如 Sandra，J. 等对地理信息系统和遥感技术的研究（Sandra et al.，1990），Iverson 把地理信息系统和遥感技术作为工具，分析了景观格局的变迁过程（Iverson，1988），得出景观格局研究的重要方向是景观时空变化。Robert，H.（Robert et al.，1990）研究了空间模型方法的运用，并在神经模型的基础上对景观格局物种丰富度之间的关系进行分析。生态系统动态模型、人口模型和地理模型也是景观格局空间的模型方法。随着地理信息系统和遥感技术的迅猛发展，景观格局动态的变化逐渐成为重要的研究方向。

（二）国内研究进展

景观格局的研究，国内发展得相对比较晚，其中关于景观生态方面的研究比较多，研究的范围基本与国外相似，但是在研究技术和研究方法上相对比较落后，在研究的深度方面与国际水平也存在较大的差距。其中具有代表性的研究有：高琼等通过运用空间仿真的手段，使用空间格局指数与多样性指数分析和预测的功能，对景观动态的发展及气候变化进行研究（高琼等，1996：18～30），模拟了东北松嫩平原碱化草地景观动态变化；傅伯杰通过把地理信息系统与分维分析和统计分析相结合（傅伯杰，1995：454～462），对黄土区农业景观格局进行了研究；傅伯杰等对景观多样性的生态意义进行了研究（傅伯杰等，1996：454～462），得出了景观类型多样性和物种多样性之间呈正态分布的关系的结论；王宪礼等在 RS、GIS 的支持下，分析了辽河三角洲湿地地质变性与景观格局（王宪礼等，1997：317～323）；王仰麟对农业景观格局和过程进行了研究，并把规范的理论、定量的方法和广泛的实证内容作为其未来的研究方向（王仰麟，

1998：29～34）；程国栋等主要研究了景观结构的特点和景观格局在干旱区的变化过程（程国栋等，1999：11～15），并对干旱区生态环境建设的研究方法和理论及生态建设策略进行了分析；郭晋平运用 ARC/INFO 手段进一步分析了关帝山森林中各景观要素的空间关系（郭晋平，1998：468～473），从而得出了研究地区景观格局的控制因素和空间分布的基本规律；田光进等通过使用景观生态学的数量方法（田光进等，2002：1028～1034），利用 TM 遥感影像得到海口市景观变化过程，并对城市的景观结构和周围区域的动态变化进行了研究；彭建等通过选取 24 种常用的景观格局指数，分析了土地利用分类系统对景观格局指数变化的影响（彭建等，2006：157～168）；王玉杰等分析了上海市浦东新区城市景观格局变化，在 GIS 支持和航空遥感影像分析的覆盖数据与土地利用的基础上，运用梯度分析与景观格局指数法进行测算（王玉杰等，2006：20～23）。

三　林业生态工程

（一）国外研究进展

沙尘天气的形成不是某个因素作用的结果，而是与很多因素有关，应客观地评价林业生态工程对沙尘防治效应在不同因素方面起到的作用（邱玉珺等，2008：93～98），如何定量地描述沙尘天气的变化情况，在研究中难以解决，完善的林业生态环境建设是解决问题的关键。由于环境污染、资源短缺等问题的出现，各国先后实施了不同的生态工程，林业生态工程是随着生态工程的发展而出现的，其实施的目的也是保护生态环境。沙尘天气属于生态环境问题，防治沙尘天气是林业生态工程建设的一部分（李红丽等，2011：84～87）。生态工程建设的目的是就人类影响和自然影响下的不同因素对环境影响程度进行有效的改善。

林业生态工程是生态工程的一部分，其目的是保护环境和实现自然资源的可持续利用（臧玉环，2012：230；邹文胜，2016：216）。环境污染、资源浪费、全球变暖等生态环境问题的出现，严重影响了人们的生活，为了改善生态环境，提高资源利用效率，各国在结合本地资源和条件的基础上，寻找适合当地发展的技术和政策。1962 年美国学者 Howard T. Odum 首次使用了生态工程（Ecological engineering）的概念，林业生态工程是随着生态工程的兴起开始发展的（汪子栋，2014）。

1943 年美国的"罗斯福工程"是国外大型的林业生态工程开始实施的标志。随后由于人类的过度开发开垦，环境开始恶化，各种自然灾害频繁发生，如沙尘天气、气候变暖、土壤侵蚀等（代维佳，2018）。世界各国先后实施了一批投入巨大的林业生态工程建设，除了美国的"罗斯福工程"外，影响力比较大的还有日本的"治山计划"、法国的"林业生态工程"、加拿大的"绿色计划"、韩国的"治山绿化计划"，等等（郑洁玮，2011：245；石培贤，2005），这些工程在各国生态环境治理中起到很大作用。

国外把林业生态工程当作一项系统的工作，具有以下几个方面内容。（1）实施林业生态工程要树立科学的环境资源观、工程质量观和综合效益观等，注重资源保护、利用和开发相结合，不以破坏环境为代价追求经济的发展。（2）要重视林业生态工程的可持续发展以及改善生态环境（商春生，2016：119；潘金志等，2013：183～186），Landell - Mills 就林业生态工程的发展对大气改善情况进行了详述（杨帆，2015）。（3）把林业生态作为一个系统去经营，研究不同树种之间的最优比例，以及如何实施不同的林业生态工程，使其最大限度地发挥设计功能，也是研究热点。（4）实现林业信息化，对数据进行收集、加工和整合，研究林业生态工程技术水平，并对其未来进行预测。（5）研究林业生态工程实施中存在的问题，并提出解决方案（刘吉善，2018）。

随着林业生态工程建设的不断深入，在初级基础上进行生态环境质量的建设，包括内容众多，主要有环境质量、脆弱性生态环境、生态健康、生态安全、生态退化等（Canter，1982：6－40；Kooistra et al.，2001：359－373；Stockle et al.，1994：45－50；Tilman et al.，1996：718－720）。Costanza 发表了关于全球生态服务系统及自然资本的价值论述，使得生态环境工程建设成为研究的热点（Costanza et al.，1997：3－15）。对生态工程建设的研究主要是定性的，如 Jun，M. Y. 通过一个"输入－输出"系统模型对城市的经济和社会系统进行了评价（Jun，2004：131－147）。Trevisan 等采用非点源农（林）业危险指数分级评价了农（林）业行为对生态环境的影响（Trevisan et al.，2000：577－584）。Scott 等从经济学的角度采取了可能价值法、旅行费用法等，分析了农（林）业集雨河岸缓冲带的工具（Scott et al.，1998）。在这一发展过程中，随着3S（GIS、RS、GPS）技术在各个领域的应用，生态环境工程建设在技术上取得了重大突破，如利用遥感影像和景观生态学方法对景观格局变化（Iverson et al.，2001）进行生态环境工程建设。Fang 等评价了哥伦比亚流域的生态环境工程建设，用不同的指标对草地、水域和森林生态系统的情况（Fang et al.，2008）进行评价。在此之后，生态环境工程建设继续发展，从定性描述到定量分析，根据定量分析结果进行环境综合治理。Démurger 等研究农户参与退耕还林工程的驱动

力，认为工程本身的特性（如退耕还林的限制）是主要驱动力之
一（Démurger et al.，2015：25-33）。Barros 等研究美国俄勒冈
州东部瀑布的野火修复可增强生态恢复力，认为恢复野火可以提
高森林的抗灾能力及促进火灾后森林的恢复（Barros et al.，
2018）。

（二）国内研究进展

林业生态工程建设对于我国来说已经不再陌生，其对防护沙
尘起到的作用更是有目共睹，如垄稻沟鱼、桑基鱼塘等是很好的
生态工程。新中国成立至今，我国的林业生态工程大致可以分为
四个时期。一是起步阶段（20 世纪 50 年代到 60 年代中期），我
国开展了各种建造防护林的工程，从功能上分为水土保持林、风
沙防护林、农田防护林等，但这时造林树种单一、功能单一、目
标单一，缺乏统一规划（杨斯玲，2012）。二是停滞阶段（20 世
纪 60 年代中期到 70 年代后期），"文化大革命"时期，各行各业
都处于发展缓慢或停滞阶段，林业生态工程也不例外。三是体系
建设阶段（20 世纪 70 年代后期到 90 年代末），改革开放后我国
林业生态工程建设进入新时期，此时我国大规模建设林业生态工
程，陆续开展了十大林业生态工程，注重林业生态体系的建设，
目的是改善生态环境、扩大林业资源等，形成了我国林业生态工
程的基本框架（宋阳光等，2018；郭俊杰，2015：74；吴月仙
等，2006：80~82）。四是大工程带动发展阶段（20 世纪 90 年代
末至今），要实现林业跨越式发展，就要以大工程发展为主，发
挥其带头作用，根据发展目标（董晖，2004：36~40），国家林
业局对林业工程做出调整，形成了六大林业生态工程，即天然林
保护工程、退耕还林还草工程、环北京地区防沙治沙工程等（邓

长宁，2013）。

有关我国林业生态工程的研究主要有以下几个方面。（1）对发展状况、基本特征进行分析，对林业生态工程发展现状的研究（刘艳军，2014：253）。（2）对林业生态工程建设技术进行研究，包括林业生态工程中林种树种选择、林业工程的施工和管理等方面（董冶等，2000：50~52）。（3）研究林业生态工程建设中存在的问题，涉及监督机制、效益评价、工程管理等多个方面，如贾克平在《治山治水及对国民经济部门管理问题的思考》中，提到长防林一期工程中存在的投资问题等。（4）研究解决林业生态工程建设问题的相关建议和政策，如有学者等针对西部地区林业生态工程建设中存在的工程管理和造林技术等问题，提出要加强对现有天然次生林和人工植被的保护，改变传统经营思想与模式。（5）就林业生态工程对经济、社会的影响进行研究，如有学者就退耕还林工程、天然林保护功能对地方经济和社会的影响进行调查分析。而内蒙古在长期西风的影响下，西部地区受沙尘影响比较严重，开展林业生态工程建设对内蒙古进行防沙治沙意义重大。

我国对生态工程系统性的研究起始于 1998 年林业生态工程的整合，分为三个阶段（陶涛，2012）：探索阶段、发展阶段和深入阶段。随着计算机和 3S 技术的发展，生态环境工程建设也进入了一个新的阶段，如江振蓝等建立了福州市的生态环境模型，用 ENVI、ArcGIS 等软件处理 TM 影像提取福州市的生态环境评价因子，用等高线生成高程和坡度，用线性回归方法确定各因子的权重，对该研究区的生态环境状况进行了评价（江振蓝等，2008：80~85）。

何翠在相关文章中提出，在林业工程建设中要提高生态化的建设水平和天然林的保护能力，实现林业工程可持续发展，并提出了林业工程建设具体对策，为相关人员提供借鉴和参考（何翠，2019：55~65）。好斯巴雅尔分析了中国林业生态工程建设的原则及现存的问题，并针对现存的问题提出了一些建设性意见（好斯巴雅尔等，2018：149）。乔轶华积极从事林业生态工作，研究了内蒙古抗旱造林技术的工作要点和技术措施，认为其为改善内蒙古的生态环境做出贡献（乔轶华，2018：165~166）。王旭等通过网络分析与实地调查相结合的方法分析了不同区域林业工作人员对森林生态安全、现存的问题及成因、安全压力的认知等，分析范围涉及东、中、西部五省的728位县域林业工作人员（王旭等，2019：72~79）。高磊等以位于西南地区的重庆市为研究区域，分析了退耕还林的生态和经济效益（高磊等，2019：353~358）。刘振露研究了贵州省石漠化地区的林业生态修复模式和以林业为主的生态农业模式，提出要关注经济林和生态林的比例，采用经济与生态效益、长期与短期效益相结合的治理措施（刘振露，2019：103~106）。何振荣研究了甘肃省定西地区林业发展现状，分析林下经济和林业生态建设的概念及关系，对甘肃省定西地区的林下经济与林业生态建设提出建议并对未来发展进行展望（何振荣，2020：59~60）。魏轩等使用文献整理与比较研究相结合的方式，对中国生态工程效益的评价指标、评价对象和评价方式多个方面的国内外研究情况进行对比（魏轩等，2020：377~383）。

从已有气候变化与重大生态工程影响的研究可以发现，大部分研究关注重大生态工程地区的生态效益、气候因子变化趋势等方面，小部分研究关注区域植被生产力（邵全琴等，2013：1645~1656）、植被覆盖度、土壤侵蚀（邵全琴等，2016：3~20）和水体与径流变化方面，很少有研究关注区域生物多样性与脆弱性对生态系统结构等方面的影响。

第三节

复杂系统理论

一 系统科学的相关研究进展

（一）系统学的国内外研究

钱学森先生在研究系统科学的过程中提出了"系统学"这一概念，他认为系统学应当作为系统科学的基础学科；朴昌根将系统学作为系统概念论、系统分类学、系统进化论和分支系统理论四个方面的基础科学；高隆昌、谭跃进、苗东升等对于系统学也进行过一些探讨和论述。

国外对于"系统学"这个术语的概念仍然有较大争议，对于相关内容有一定的研究，但是相对较少，Minati、Pessa 对于什么是系统学进行了论述，并给出了他们的答案，Francois 等也对系统学进行了相关的探讨和研究。

国内对于系统学的研究主要围绕钱学森的思想展开，将系统学当作一门独立的学科来看待；而在国外，学者更多将其作为一个跨越学科界限的平台来看待，可以打破一些学科间的束缚，但对于系统学没有一个相对统一的术语，争议较多。

（二） 国内系统科学研究进展

国内对于系统科学的理论研究是从对西方系统科学著作的翻译出版开始的。20 世纪 70 年代国内出现了专门研究系统科学理论的学者。

1979 年，钱学森率先在国内提出系统科学研究，他认为系统科学可以作为一个研究客观世界的"系统的观点"。1981 年，钱学森提出了他的系统科学体系结构，并将系统科学划分为三块：系统学、技术科学和工程技术，这是国内最早的系统科学体系结构。

20 世纪 80 年代，国内涌现出大批系统科学的理论著作与教材，系统科学的理论研究也得到极大的发展。

在许国志等人的系统思维中，"整体"是核心内容，整个系统科学就是在这种整体的思维下研究问题的科学。而对系统科学的研究是一种无法逆转的过程，因而，系统科学研究问题的理论为"不可逆理论"。

苗东升认为系统科学是"关于整体涌现性的科学"，是由诸多不同层次学科组成的一门新型科学。他认为系统科学研究是提供一般原理和方法的研究方法，而所提供的原理和方法是用系统观点来看待事物并解决问题，认为系统科学是要提供研究"复杂性"的方法，并解决有关复杂性的问题。

李继宗认为系统科学的研究内容是"系统的类型、一般性质和系统的运动规律"，认为对系统科学的研究包括"控制论、信息论、一般系统论"等基础的理论类学科，系统科学有跨学科的横向性和综合性，并且有功能行为性质，是一种能够作为研究问题方式方法的科学，具有方法论性质。

魏宏森认为系统科学是学习复杂性的学科，即研究、分析、总结复杂性相关问题的学科，他认为系统科学能够从多个角度、不一样的深度以及不一样的广度来探究复杂系统所具有的普遍规律，将系统科学判定为从整体的角度上去探究复杂系统相关属性的科学。

李曙华把系统科学看作一个"具有横断学科性质的新兴科学群"。她认为系统科学的基础是以群体为研究对象来研究问题，在此基础上，从整体上探究系统的"进化律"，系统科学只考虑研究对象具有系统意义的属性，不考虑研究对象其他属性，从系统、整体的角度，针对各个领域中的系统现象，研究总结系统的普遍规律和一般原理。

陈忠认为系统科学是由多门学科组成的科学，是探究方法论的学科，系统科学研究的是两个独立个体之间的相互关系以及运动，更侧重系统的观点。他认为研究事物的整体性是这门学科最为关键的问题，并将系统的构成与发展作为系统科学的最基本问题。

陈禹认定系统科学为跨层次的、跨时间的、研究质变的出现与发展及其一般规律的科学。他认为总结复杂系统演变发展中的普遍规律，并以此来构建、管控复杂系统是系统科学的主要目的，系统科学理论化有三个属性：跨领域探索研究方法、认识与改造系统、可操作性。

（三）国外系统科学研究进展

国外系统科学的概念出现在 19 世纪末或 20 世纪初，当时近代科学发展获得了巨大成就，但学科越分越细，形成了众多学科分门别类的情况，这阻碍了科学整体的进一步发展。

从 19 世纪末到 20 世纪 20 年代，几种强调整体研究的系统分支理论几乎同时出现在不同的研究领域，如玻尔兹曼有序性原理、爱因斯坦的相对论和大统一理论、贝塔朗菲的生物有机体论等。这些理论都强调研究对象的整体性、结构性、动态性和关联性等具有系统意义的问题，并且有完善的量化方法。这些理论为系统科学的出现奠定了基础。

20 世纪 30 ~ 50 年代系统论、信息论和控制论先后形成。贝塔朗菲于 1937 年首次提出了一般系统论，1945 年，系统论诞生。美国数学家香农在 1948 年发表的《通讯的数学理论》宣告了信息论的诞生。1948 年，美国数学家维纳出版的《控制论》标志着控制论的诞生。

20 世纪六七十年代，国外系统工作者发现系统论、信息论和控制论仍然不能解决系统如何组织在一起、如何随时空变化等问题，耗散结构论、协同论与突变论应运而生。耗散结构论是比利时物理化学家普利高津在 1969 年的国际学术会议上提出的。协同论是德国物理学教授哈肯在 1977 年创立。法国数学家雷内·托姆于 1972 年在其著作《结构稳定性和形态发生学》中创立了突变论。随着复杂系统研究的深入，学者们逐渐认识到看似杂乱无章的复杂系统也有规律可循，从而产生了混沌论与分形论。1963 年，美国气象学家洛伦茨提出了混沌论。美国应用数学家曼德尔布罗特于 1975 年创立分形论。

随着国外学者对系统的认识不断加深，国外系统科学的研究越来越深入，研究成果也不断出现。1979 年，Foerster 提出"二阶控制论"，其影响巨大，进而形成了二阶控制论学派；1985 年，Sandquist 的《系统科学导论》在因果性和黑箱理论的基础上建立起系统科学理论体系；1999 年，Simms 出版专著《定性生命系统科学原理》，对之后的学者探索生命系统产生了重大影响。进入 21 世纪后，国外系统科学的重要文献和研究成果越来越多。Warfield 于 2003 年发表文章，论述了他探索出的系统科学理论，2006 年，他出版专著《系统科学导论》，提出了自己的系统科学体系，这套体系是基于他自身多年的工作经验，对系统科学理论构建以及实践等问题的深入探索及分析，具有重要价值。Bailey 于 2005 年发表的《系统科学 50 年》，介绍了系统科学发展的 50 年，一一介绍了国际系统科学学会制定的十个目标，并列举了当前系统科学方面的十个挑战。2003 年，Midgley 编辑出版了《系统思考》一书，该书收录了自贝塔朗菲、香农等人到 2000 年前后系统科学领域的重要文献。国际系统科学学会每年召开一次年会，会后的次年会将会议文集及一年内召开的相关会议、出版的书籍以及相关新闻刊登在《一般系统展板》杂志上，从中可以洞悉一些有代表性的系统科学思想理论与方法以及未来与系统科学相关的发展趋势。

（四）国内外系统科学发展总结

对比国内外系统科学理论的发展，可发现其差异极大。国外的系统科学自始至今，其理论研究不断深入，各种理论研究成果不断，直至现在仍然不断有成果发表，与其他学科结合，在各个领域取得诸多研究成果，并向体系化的方向发展。国内对于系统科学理论只有 20 世纪七八十年代的一波热潮，之后相关方面的研究不断减少，研究系统科学的学者也不断减少，新从事系统科学研究的学者少而又少，我国学科体系中的一级学科系统科学，其研究与系统科学发展初期的尺度与内容已有一定偏离。近年来，国内对于系统科学的研究多是将系统科学与其他学科相结合，借用已有的系统科学理论成果，辅助研究较小尺度的其他学科内容，但在系统科学理论上的进展缓慢。国内的理论研究工作多是注释国外的专著，或者是对老一代国内大家的理论作注。

二 复杂网络研究进展

（一） 复杂网络概念及其特性

复杂系统是关于系统科学的一个研究领域，从不同的研究方向来研究复杂系统，复杂系统的特征也表现出在不同方向下的差异，复杂系统以不同形式、状态、规模被应用在地理学、生态学、社会学、人文学以及经济学等研究领域中。

复杂网络是通过研究系统中个体相互关联作用的拓扑结构来研究复杂系统的一种新的角度和方法，这种抽象研究方法成为复杂系统研究的新热点。直至今日，依然没有一个统一而又全面的定义对复杂系统进行描述。钱学森认为，具有小世界特性、自相似特征、自组织特征可以称为复杂网络。复杂网络的含义主要有两点：复杂网络是从大量的真实的系统中抽象出的拓扑结构总结；复杂网络是介于规则网络和随机网络之间的一种网络，其统计特征与规则网络和随机网络不同。

复杂网络的统计特征决定了其不同的网络内部结构，而结构又对系统的功能起到决定性作用，故研究复杂网络的统计特征是必要的。

1. 平均路径长度

网络由节点构成，节点与节点之间有一定距离，不同节点之间的距离不一定相同，将所有节点间的度相加得到整个网络的平均距离，反映出网络的全局特性。

2. **聚集系数**

网络中一节点与其相邻的所有节点所连接的边数与这些相邻节点连接边数最大值的比值即为节点聚集系数，所有节点聚集系数的平均值，就是整个网络的聚集系数。

3. **度及度分布**

节点所连接的边数就是节点的度，将所有节点的度求平均值即可得到网络的度。在网络中随机选取一点，其度与网络度数值相同的概率就是度分布。

4. **介数**

通过某一节点的最短路径与网络中所有最短路径的比值，即为该节点的介数，相应的，通过某一边的最短路径与网络中所有最短路径的比值就是该边的介数。通过介数，我们可以看到某一条边或者某一个点在整个网络中的重要程度以及这一边或一点对整个网络的影响力。

5. **小世界效应**

复杂网络的规模非常大，但是复杂网络中两点之间的距离却相对很小，即为小世界效应。通过数学概念来讲，就是网络的平均路径长度没有随着节点数量的增加而增加。所有真实存在的复杂网络中都具有小世界效应。

6. **无标度特性**

在复杂网络中，大部分节点的度都很小，而少数节点的度很大。在随机网络和规则网络中，节点的度大多集中在节点度的均值附近。随机网络和规则网络中的节点表现出同质性，而相对应，复杂网络中的节点表现出异质性，且没有特征标度，即复杂网络无标度特征（于强等，2018：214～224）。

（二）复杂网络模型

18 世纪，"图论"之父欧拉以对"七桥问题"的抽象和论证思想，创立了数学中的图论。20 世纪 60 年代，Erdos 和 Renyi 创立随机图论，标志着数学领域开始了复杂网络理论的系统学研究，ER 随机图论作为基本理论来研究复杂网络拓扑持续了一段时间。ER 随机图论中的一些思维与理念对如今的研究工作依然有重要作用。

1967 年，Milgram 提出了六度分离推断，即世界上任意两个地方的两个人，他们之间通过平均认识 5 个人就可以产生联系。之后一些数学家对这一理论进行了严格的证明。

Watts 和 Strogatz 于 1998 年提出其"小世界"模型（WS 小世界模型），该模型从规则网络模拟到随机网络，同时具有规则网络的高聚类属性与随机网络的小平均长度属性。构造 WS 小世界模型的算法中包含一个随机化过程，这个过程的演变对网络连通性具有负面影响，可破坏网络连通性。1999 年，Newman 和 Watts 在 WS 小世界模型的基础上提出了 NW 小世界模型，它将 WS 小世界模型中的"随机化重连"替换为"随机化加边"。

WS 小世界模型与 NW 小世界模型对复杂网络的模拟都欠缺对实际情况中网络的两个特别属性的考虑：①网络节点不断增多致使其规模不断扩大，网络的规模不会只限定在某一固定规模中，具有不断增长的属性；②新节点在选择连接的节点时，选择度更高的节点的可能性更大，即度高的节点具有连接优先属性。经过一段时间的研究工作，研究工作者发现复杂网络的连接度分布具有幂律形式，Barabási 和 Albert 提出了无标度模型（BA 模型）以探究幂律分布其中的机理。BA 模型能够从复杂现象中提取简单本质，但是实际复杂网络中常常具有一些非幂律特征，一些学者又在 BA 模型的基础上进行了更进一步的拓展。

小世界网络模型的提出，对于复杂网络的研究来说是一个具有开创性的研究成果，BA 模型的提出，又是另一项开创性的研究成果。经过学者们大量的研究工作发现，针对不同领域的复杂网络，实际网络的拓扑结构大概率会表现出两个属性：小世界属性与无标度属性。通过对实际网络从不同角度进行深入研究，针对诸多不同领域中的复杂网络，一些学者们提出了多种网络拓扑结构模型。

规则网络与随机网络具有复杂网络模型的最基本属性，故这两种网络也属于复杂网络模型，且是最为基本的模型，其中规则网络的拓扑结构是有一定规则的，规则网络的构建也遵循着一定的数学规律，网络中各个元素之间的联系也可以通过数学模型来反映。对应于规则网络，随机网络节点间的关联无法用缺点的数学模型来进行表达，节点之间的关联完全是随机的。

（三）复杂网络优化

针对复杂网络的优化，有多种策略。针对不同领域的复杂网络，其研究内容以及优化的方向和结果不尽相同，因此关于复杂网络的优化我们从复杂网络的聚类算法和抗毁性优化两个方面来叙述。

1. 复杂网络的聚类算法优化

基于优化的复杂网络聚类算法有谱聚类算法和局部搜索算法。谱聚类算法是利用数据之间的相似度，将聚类问题转化为划分问题，而在划分准则上又有较多分类，但在一些具体问题上仍存在一定的不足。

基于局部搜索优化技术的复杂网络聚类算法引入增益函数，能够减弱网络内部簇之间的连接，迫使簇与簇之间变得稀疏，而簇内反而会连接得更为紧密，但 KL 算法运作需要前提条件——簇的节点数量，否则这个算法无法聚类。2008 年，Blondel 等人提出了 FUA 算法，该算法计算时间优于其他大多数网络聚类算法，同时该算法的聚类结果质量和准确性都表现良好。2011 年，刘大有等人提出了 FNCA 算法，可通过该算法得到局部目标函数。该算法聚类质量好且运行效率高，适用于分布式网络的聚集特性研究。

2. 复杂网络的抗毁性优化

复杂网络的抗毁性优化包括谱聚类算法和局部搜索算法。谱聚类算法是利用数据之间的相似度，将聚类问题转化为划分问题，而在划分准则上又有较多分类，但在一些具体问题上仍存在一定的不足。

第四节

生态网络相关研究进展

一 生态网络提取模型

目前，根据不同的研究目标和内容，不同学科基础的众多学者基于不同的生态网络结构认识，从不同的角度解释生态网络（刘世梁等，2017：3947～3956）。随着城镇化进程的加快，区域经济以及社会的发展都取得了一定程度的增长，同时一系列的生态环境问题也随之产生，道路的扩张以及城市化的建设等一系列的人为干扰活动加速了生境破碎化的发生。一些生物栖息地和自然生态系统被道路、农田、居住区等分割成一块块的斑块，部分生物种群被迫分割成孤立的小种群，生境破碎化现象在全世界范围内都非常普遍。针对以上现象，生物保护学者的研究重点逐渐从单纯的栖息地的保育和城市绿地的保护工作转变为恢复破碎化生境之间的连接。生态网络在保持空间完整性、维护区域生物多样性以及维持生态系统可持续发展等方面都有着重大意义，是景观生态学的重要研究内容。

提取生态网络是通过合理的手段连接分散的生态斑块，从而改善生境破碎化现象，为进一步分析生态网络结构与研究生态网络规划提供基础。目前，成本距离模型被广泛应用在生态网络的提取研究中。该模型利用 ArcGIS 空间分析，计算出"源"到目标点位置所需要耗费的最小累积阻力值，是生物保护研究中常用的模型（古璠，2017；吴晶晶，2018）。公式如下：

$$MCR = f_{\min} \sum_{j=n}^{i=m} (D_{ij} \times R_i) \qquad (1-1)$$

该模型下的生态网络构建主要包括三个步骤。①选取生境源斑块。这些斑块在维护生态网络稳定以及维持生态系统服务功能方面发挥着重要作用，面积大且相对比较完整的源地斑块，有利于物种的生存、繁衍、迁移及扩散，是生物多样性重要的空间保障。②根据各土地类型确定阻力，构建阻力面。物种迁移等生态过程有时需要跨越不同的斑块，计算在这个过程中产生的阻力，并以此构建阻力面。③提取最小耗费路径，生成潜在生态廊道。最小耗费距离模型是在阻力面构建的基础上计算斑块间最小累积阻力值，模拟出最佳路径作为潜在生态廊道，以此得到生态网络。

许多学者在最小耗费距离模型的基础上对其进行改进，使用修正模型得到提取效果更好的生态网络。潘竟虎等（2015）利用空间主成分分析和 GIS 技术，获取甘州区生态安全格局的分布状况，以土壤类型、植被覆盖度、距工业用地距离、距道路距离等 10 个要素作为约束条件，以最小累积阻力模型构建生态网络。

二 生态网络与景观格局

生态网络最早起源于生物保护领域。传统的对野生动物的保护策略是建立国家公园、自然保护区、风景名胜区等。景观生态学的兴起为生物保护提供了一个新的思路，人们逐渐认识到自然是一个相对动态的系统，栖息地的被隔离程度和破碎化程度日益加重，打乱了生态系统之间的作用与联系，使得生态系统失去平衡，逐渐威胁到生物多样性。因此，比起片面孤立地保护野生动植物栖息地，通过景观连接的恢复，保护区和景观连接形成的生态网络能够扩大影响范围、发挥更大的环境效益。对于生态网络的概念，目前学术界尚未达成统一，但总体来说生态网络具有以下几点比较典型的特征：①生态网络由核心区、缓冲区和生态廊道组成，且廊道的空间结构是线性的；②生态网络规划得到的是一个系统整体；③具有连接性；④生态网络能维持生态系统的结构稳定与动态性（刘世梁等，2017：3947～3956；陈璟如，

2018：123～125）。

19世纪初期，埃比尼泽·霍华德提出"田园城市"理念，主张在旧城区周围修建一个8 km的公园带以控制城市的扩张。奥姆斯特德提出了公园道的概念，1858年，他规划的波士顿公园系统被公认为真正意义上的美国最早规划的生态网络（Jongman et al.，2004：305－319）。20世纪初，生态网络理念在欧洲和美国开始快速发展。学者们的目光开始从小尺度的城市公园规划，转向更大尺度的空间网络规划，如1969年麦克哈格的《设计结合自然》一书中提到有关流域保护的生态廊道的理念。20世纪90年代，学者开始研究通过恢复破碎生境之间的连接，提高生态网络的稳定性以保护生物多样性。90年代末，生态网络的发展进入了比较成熟的阶段。生态网络是具有一定生态功能的网络，在生态保护方面，它的建设可以保护生物多样性、维护生态系统稳定，此外，生态廊道还可以提供交通运输的功能，从景观设计角度，生态网络为人们提供游憩观赏、休闲等功能，可以缓解高速城市化给人们造成的压力（曲艺等，2016：29～36）。

在我国，生态网络规划的研究起步较晚。但近年来其构建体系已初具规模。池源等（2015）采用最小阻力距离法和重力模型法，运用RS和GIS技术手段，提取崇明岛景观生态网络。

景观格局指的是景观的空间格局，它的变化体现了自然和人为因素对区域环境综合影响的特征，是各种生态过程演化进程的瞬间表现，是动态的（陈利顶等，2008：264～270）。

20世纪70年代初，北美以Dansereau、R. T. T. Forman、P. G. Risser、Turne等人为代表进行土地利用景观格局分析。土地利用景观格局分析经历了从简单的定性分析到定量分析与空间分析相结合的过程。20世纪90年代以来，关于城市景观格局的研究越来越多。景观生态学包含了一系列景观空间格局分析的方法，其中，虽然景观格局指数在分析景观格局时存在一定的问题，但仍是景观格局分析研究的热点内容（潘泓君，2018；苏宁，2018）。Riiters 等（1995）以 85 张土地利用图为基础，采用相关分析与因子分析的方法计算了 55 个景观指数，筛选出分维数、斑块类型数、平均周长面积比、相对斑块面积、蔓延度 5 个指数作为反映格局特征的指数集。Luck、Wu（2002）以美国亚利桑那州菲尼克斯城区为研究区，将梯度范式与景观格局指数分析相结合，研究"城市－乡村"样带上的景观格局特征。随着景观格局研究的发展，学界产生了多种类型的景观指数，可从多种角度诠释景观格局特征。随着研究的进一步深入，近几年还发展出了用于模拟景观格局变化的模型。

20 世纪 80 年代初期，景观生态学被引入中国。21 世纪以来，我国社会经济进入快速发展时期，社会发展、城市规划、生态保护进入了全新的阶段，为景观格局的研究和应用提供了广阔的平台（刘颂等，2010：144～152）。傅伯杰等（2006）以土壤侵蚀现象严重的黄土高原区为研究对象，建立了多尺度的指数评价体系。

三　生态网络结构稳定性

网络分析作为一种切实可行的分析手段已经长期被应用于很多领域，例如社会科学领域、互联网领域等。近几年，随着 GIS 空间分析能力的不断发展以及遥感与计算机信息等技术的结合，网络分析逐渐被广泛地应用于生态学的研究（沈烽等，2016：94～98）。特别是景观生态学的引入，生态网络概念的提出，为生态学网络分析提供了新的思路。

生态网络分析方法是来源于投入产出分析法在生态学领域的应用，是一种分析生态系统作用关系、辨识系统内部、研究整体属性的系统分析方法。Hannon（1973）首次将"输入－输出"模型引入自然生态系统中，产生了生态网络分析思想（Ecological Network Analysis，ENA）。自此，生态网络分析方法成为研究生态系统的主流。1976 年 Finn 改进了 Hannon 的方法，提出了一系列包括系统流通量、平均路径长度等指标在内的量化生态系统结构的指标及指数。1976 年 Patten 等提出生态网络分析方法，该方法作为分析物质能量流动的手段得到大量的关注。环境元分析和上升性分析两大分支到 20 世纪 70 年代初步形成。目前，ENA 方法作为国外研究生态系统的一种主流思想，在国内也被广泛地应用于社会经济、城市规划、景观生态等领域（韩博平，1993：41 ~ 45；李中才等，2011：5396 ~ 5405；张妍等，2017：4258 ~ 4267）。

生态网络分析领域涉及生态网络流动分析、信息分析、结构分析以及连接分析等。其中，生态网络结构分析对于深入探讨物质、能量流动具有重要意义。Wright 认为随着路径的增加，物质流动的机会就会增加，因此路径长度和数量关系的研究显得尤为重要。Finn 建立了评价生态网络的重要指标：系统总流量（TST）、流入路径的平均长度（APL）和循环指数（CI）。

Ulanowicz 和 Norden 等在信息理论的基础上定义了生态网络的平均交互信息（Average Mutual Information，AMI）概念。Rutledge 等人认为，该值会随着生态网络物质、能量流动的提高而降低，也就是说，随着网络稳定性的提高而降低。其公式为：

$$AMI = k \sum_{i=1}^{n+2} \sum_{j=0}^{n} \frac{T_{ij}}{T} \log_2 \frac{T_{ij}T}{T_i T_j} \qquad (1-2)$$

式中：T_{ij} 表示由节点 j 流至节点 i 的流量；T 表示网络通量；T_i 表示流入节点 i 的总流量；T_j 表示由节点 j 流出的总流量。

基于这样的认识，Ulanowicz 和 Norden 认为，网络稳定性也可以认为是抵抗外界干扰变化的能力，进一步提出了评价生态网络稳定性的公式。当网络趋于稳定时，D_R 值随着 AMI 值的减小而增大。其公式为：

$$H_r = - \sum_{j=0}^{n} \frac{T_{ij}}{T} \log_2 \frac{T_{ij}}{T} \qquad (1-3)$$

$$D_R = H_r - AMI \qquad (1-4)$$

国内外关于生态网络的结构分析开展了很多的研究。Li 等（2006）在计算资源交换的平均路径长度的基础上，结合上升性指标评价黄河流域生态系统发展的整体情况。之后，Bodini（2012）在 Li 等的研究基础上采用流量分布计算系统总流量（TST）、平均交互信息（AMI）等指标代表系统结构的复杂性，实现系统的水资源环境监测。Lu 等（2014）将生态网络分析引入能源安全系统评估，结合网络上升性、网络稳定性等指标建立了基于生态网络分析的原始网络模型，对我国原油供应安全进行了整体评价。

第二章

研究区概况与研究内容

第一节

研究区概况

一 自然地理概况

（一） 地理位置

包头市地处内蒙古自治区西部（东经 109°50’～111°25’、北纬 41°20’～42°40’），东部为呼和浩特市，西部是巴彦淖尔盟，北部与乌兰察布草原相连，黄河流经包头市南部（蒙吉军等，2004：76～80）。阴山山脉横穿包头市，中部土地总面积为 27691km²。

（二） 地形地貌

阴山山脉横穿包头市中部，形成北部丘陵高原、中部高山和南部平原的地形（郭永昌等，2006：15～20）。中部山区东西长 145km，南北宽 50km（成舜等，2003：271～277）。主要分布有阴山山脉的大青山、乌拉山和色尔腾山（邵景力等，2003：49～55）。以昆都仑河为界，河东为大青山，河西为乌拉山（甄江红

— 41 —

等，2004：250～253）。大青山向西蜿蜒至呼和浩特市，主峰海拔2338m。乌拉山向西与河套平原相连，主峰大桦背海拔2324m（王晓栋等，1999：265～270）。色尔腾山位于乌拉山以北，海拔1800～2000m（刘耕源等，2008：1720～1728）。包头市北部为丘陵草原，中部为山脉，南部为平原地貌，山地占14.49%，丘陵草原占75.51%，平原占10%（白冰冰等，2003：83～88）。

（三）气候与水文地质条件

包头市地处内陆，属于中温带气候，具有春温骤升、秋温骤降、昼夜温差大的特点（韩俊丽等，2005：188～191）。全年接受太阳的辐射值为 $5800 \times 10^6 \sim 6400 \times 10^6 J/m^2$，是我国光能资源丰富的地区。太阳的辐射量总和与日均日照时间从包头市东部向西部增加（郭永昌，2008：70～73），年日照时数在2955～3255h。包头市热量资源南北差异大，温度变化受地理纬度和地形的影响较大（宁小莉等，2005：102～105），全市年平均气温2.3℃～7.7℃，气温从南向北递减，且幅度较大（刘纲，2010：51～52）。包头市降水量少，雨热同期，属于半干旱地区，年降水量240～400 mm，一年内降水量的变化很大，年降水量从东部向西部减少，从南部向北部减少，山区大于平原，阴山南部大于山北；降水量年内分布不均，主要集中在7、8月，占年降水量的50%。包头市主要气象灾害有干旱、暴雨、山洪、冰雹、大风等（王晓栋等，1999：21～26）。

包头市水资源主要为境内地表水、地下水和过境黄河水（靳永峰等，2010：88～89）。包头市可利用地表水总量 $9 \times 10^8 m^3$，地下水补给量 $8.6 \times 10^9 m^3$。黄河流经包头境内214km，河面宽130～458m，水深1.6～9.3m，平均流速1.4m/s，多年平均流量

824 m³/s，最大流量 6400 m³/s，年均径流量 2.6×10^{11} m³，是包头地区农业生产和居民生活的主要水源（程晓军等，2000：62～64）。包头市境内艾不盖河、哈德门沟、昆都仑河、武当沟、水涧沟、美岱沟等水量可观，为包头市可利用的重要水资源（刘宇等，2008：48～49）。

包头市地下水资源分布在山北、山区和平原三大区域，山北水资源主要分布在沟谷、洼地和山间盆地（范明霞，2010：65～68）；山区水资源为基岩裂隙水；平原水资源分布在冲、洪积层（范明霞，2009；白丽娜，2000：75～77）。全市可利用地下水资源天然补给量 3.22×10^{9} m³，其中山前冲洪积平原 1.82×10^{9} m³，黄河冲积平原和河滩地区分别为 5.8×10^{8} m³ 和 5×10^{8} m³，山区丘陵区为 3.2×10^{8} m³。

（四）土壤条件

包头市可利用耕地占总土地面积的 31.41%，旱地分布在北部丘陵和中部山区（郭伟等，2011：3099～3105），水浇地主要分布在黄河沿岸的黄河灌溉区和土默川平原灌区。

包头市土壤共有 12 个土类，17 个亚类，41 个土属，108 个土种。其中栗钙土、灰褐土和潮土最多，占包头市土壤面积的 71.8%，其余为石质土、灰色草甸土、盐土、新积土、灌淤土、灰色森林土、风沙土、山地草甸土和沼泽土（申俊峰等，2004：267～270）。农业用地以栗钙土和潮土为主，包头市全境内植被覆盖率低，水土流失严重，主要分布在丘陵顶部和大于 25°的山坡；土壤盐碱化治理缓慢，盐化土主要分布在黄河灌区，以盐化潮土最多（马鹏起等，2009：88～91）。土壤养分减少，肥力降低。全市土壤污染严重，主要是工业"三废"和农药污染（许涛等，2010：34~39）。

（五）植被

包头市植被类型以草原为主，全市草场分为 3 类 5 亚类 14 组 29 型。以山地草场为主，干草原类和草甸草原类草场分布在中部山区和北部丘陵区；低地草甸类草场主要分布在黄河沿岸等低湿地（李福荣等，2005：66~69）。野生植物资源共分为 96 科 37 属 837 种，其中有饲用价值的植物科 195 属 341 种，禾本科、菊科、豆科是草场的主要群落（霍晓君等，2006：140~145）。

包头市森林资源贫乏，森林覆盖率为 5.9%，远低于全国平均森林覆盖率（12.7%），天然林主要分布在中部山区，天然林针叶树种有杜松、油松、侧柏，阔叶树种以山杨、桦木次生林为主；南部平原区以人工林为主，人工林多为杨柳榆；丘陵区以灌木为主，灌木有胡枝子、黄刺梅山樱桃、柠条等（白丽娜等，2004：75~77）。

二 社会经济概况

包头市是内蒙古自治区第一大城市，管辖 10 个旗、县、区，其中：3 个市区（昆都仑区、青山区、东河区），2 个矿区（白云鄂博区、石拐区），4 个农牧业旗、区、县（土默特右旗、达尔罕茂明安联合旗、固阳县、九原区），1 个经济开发区（张璞，2009：21~27）。包头市总面积 27768 km^2。人口 276.62 万，有蒙古、汉、回、满、达斡尔、鄂伦春等 31 个民族。京包、包兰、包西、包环等铁路交会于包头市，是中国重要的交通枢纽（袁保惠等，2004：40~41）。

第二节

研究框架

一　研究目标

利用多源、多时相遥感数据为数据源，通过建立复杂生态网络的提取模型，准确提取包头市的复杂生态网络，并通过空间结构分析和拓扑结构分析，明晰包头市复杂生态网络的空间结构和复杂系统特性。以系统科学理论、复杂系统理论和复杂网络理论为依据，通过计算网络基本静态统计指标、网络关联性指标、网络重要性指标和网络连通性指标，揭示包头市的层级复杂生态网络在拓扑结构上的规律与特点。对复杂网络的层次性进行分析，揭示不同类型的景观在空间结构、功能机制和时间动态方面的多样化和变异性，揭示景观的复杂程度。

二　研究内容

在西北半干旱区，伴随着人口增长，开始出现自然景观被人工景观代替、生境破碎、景观连通性变差、生物多样性加速下降等一系列问题。构建多层级的空间生态网络是维持西部半干旱区生态安全的重要保障。低层级生态源地稳定依靠高层级生态源地，高层级生态源地对于维持层级生态网络稳定具有极其重要的意义。高层级生态源地遭到破坏易影响周围低层级生态源地，以至于影响低层级生态网络稳定，引发层级网络的级联失效，导致整个网络崩溃。故本书以西北典型半干旱城市包头为研究区，在 GIS 空间技术的支持下，利用景观生态学原理与复杂网络理论的分析方法，提取了包头市的层级生态网络，对网络空间结构、拓扑结构进行研究，具体内容如下。

1. 景观格局时空演变分析

以内蒙古包头市为研究区，选取 2006 年、2010 年、2016 年不同年份相同月份遥感影像，结合包头市土地利用数据，将包头市景观类型划分为林地、草地、水体、耕地、建设用地、其他用地共 6 类。计算两个时期内的景观格局动态度，制作两个时期的转移矩阵，研究两个时期的景观变化在空间上的密集程度，分析不同时期的景观重心位置来研究景观重心移动的距离与速度，运用景观指数对不同时期的景观格局进行分析，对引起景观变化的驱动力因子与景观变化密度进行相关性分析。

2. 包头市主体景观结构及格局分析

经研究发现，草地景观为包头市生态景观主体，可通过构建耦合草地景观网络研究其内部规律。基于 2016 年提地利用数据，提取全域内草地景观斑块。根据研究区 NDVI，把草地景观分为 12 级，构建草地景观网络。在景观水平上选取 25 个指数，类型水平上选取 24 个指数，对草地景观的空间格局、形状特征、聚集程度等进行分析。

3. 包头市生态网络层级性及拓扑结构

草地景观为包头市主要生态景观类型，其他生态景观比例较小，但对于维护小尺度生态稳定具有重要作用。以全域内所有生态景观用地为研究对象，提取全域内所有草地、灌木林地、有林地、湖泊、河流等生态景观，运用能值理论提取源地，计算生态斑块的能量因子 Q_i，选取能量因子值大于 1 的生态斑块共 784个。将生态斑块以 0.01、0.04、0.15 的比例来筛选作为 1、2、3层生态源地，并将所提取的生态源地分为三个等级。从地形坡度、植被覆盖、水文分布、土地覆盖共四方面建立生态阻力的评价体系，利用 ArcGIS 软件中的成本距离模块和 Python 脚本语言编写程序测算三层生态网络对应的最小生态累积阻力面。基于三层生态累积阻力面构建对应的潜在生态廊道，确定对应的 1、2、3 层生态节点，通过对包头市全域内生态网络进行分层研究，构建第 1、2、3 层生态网络，在市域尺度上构成了分层的点－线－面相互交织的潜在生态网络。基于复杂网络理论，计算分层生态网络的度及度分布、聚类系数、度－度相关性、聚度相关性、介数、核数以及连通度。对分层生态网络从网络连接鲁棒性、节点恢复鲁棒性、边恢复鲁棒性方面进行分析。

4. 景观生态网络空间格局模拟预测

基于景观生态网络层次性结果，利用耦合最小累积耗费阻力模型（MCR）、人工神经网络（ANN）及元胞自动机（CA）构建MCR－ANN－CA 模型。利用 MCR 量化包头市各用地类型演变为景观生态网络空间时的阻力，构建 CA 适宜性规则；利用 ANN 模型提取 CA 邻域转换规则，基于包头市 2006 年、2011 年土地利用数据及归一化植被指数（NDVI）、高程、坡度、水体距离、人口密度等多项数据，对 2016 年景观生态网络空间演变情景进行模拟，以 2016 年实际景观生态网络空间分布为参照，将该模型模拟结果与 CA－Markov 模型的模拟结果进行对比。

沙尘天气是在大风的作用下形成的，沙尘不利于人类生存，会对人身造成伤害，人们意识到沙尘天气是亟待解决的问题。本书选取内蒙古地区来研究生态工程建设对沙尘天气带来的影响，不仅因为内蒙古是我国各项林业生态建设工程中唯一全覆盖的重点省份，而且由于受到气候和人文因素的影响，内蒙古地区有一半以上是荒漠化地区，是我国防沙治沙的重点区域。随着经济和社会的发展，环境遭到破坏，政府进行了一系列的生态工程建设（余雁，2009），在风沙治理工程领域采用一些专门的指标，如生态效益有归一化植被指数（NDVI）指标（Wang et al.，2018）。

本书综合考虑内蒙古自治区社会经济、土地退化、森林植被和气候条件等内容，选取了12个有代表性的指标（植被覆盖度、扬沙天数、浮尘天数、沙尘暴天数、林业生态工程建设总面积、林业产值比重、人均绿色面积、第一产业比重、第二产业比重、降雨量、气温和风速），通过面板数据模型就林业生态工程建设对主要沙尘灾害天气影响效应进行评价。选择沙尘暴发生日数（扬沙天数、浮尘天数、沙尘暴天数）作为因变量，其他8个因子作为自变量，来说明生态工程建设的实施对沙尘天气的影响。

我们先对内蒙古的基本环境状态做了分析，研究了生态系统构成及分布，通过转移矩阵对内蒙古各生态系统之间面积的转换进行说明，并对各盟市的林种结构状况进行了分析，生态系统及林种结构的变化不仅反映了内蒙古的基本环境状况，也与生态工程建设的实施效果有关。接着通过植被覆盖度、森林覆盖率、森林蓄积量分析了森林资源状况及植被覆盖度变化，其中以植被覆盖度作为自变量分析沙尘天气变化。土地荒漠化、土壤侵蚀、风沙灾害天气是内蒙古地区存在的一些生态问题，而这会导致地表环境改变，导致沙尘天气的出现。最后用固定效应模型分析各工程实施对主要沙尘天气的影响（见图2-1）。

三 技术路线

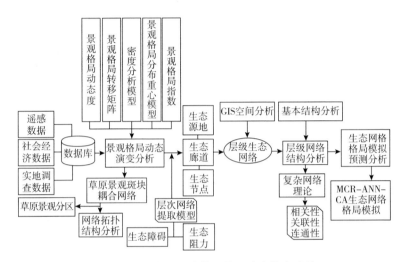

图 2 - 1 生态网络结构及格局演变技术路线

本书通过对内蒙古林业生态环境的研究，收集气象、社会经济等数据，运用遥感（RS）和地理信息系统（GIS）对内蒙古林业生态环境进行统计和数据监测，运用面板数据模型对工程建设进行驱动效应分析（姜磊等，2014：1～8）（见图 2 - 2）。

四 关键科学问题

（1）如何准确提取层级空间生态网络？其空间结构与拓扑结构应如何分析？

（2）基于生态网络的层级性，如何选用适合的模型提高景观生态网络空间模拟的精度？

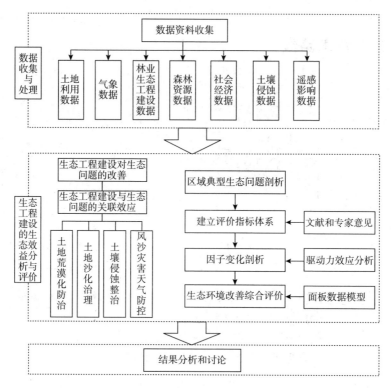

图 2-2 林业生态工程技术路线

第三章

包头市景观格局时空演变分析

景观格局分析的目的是通过多期景观分布数据变化研究景观变化规律，在景观和类型的尺度上分析不同斑块的变化特征（张秋菊等，2003：264~270；O'Neill et al.，1988：63-69），通过对景观变化规律分析，探究景观格局变化的驱动力因子（张明，2000：30~36；宫兆宁等，2011：77~88；O'Neill et al.，1988：63-69），从景观的尺度上为区域生态建设提供理论上的指导（黄聚聪等，2012：622~631）。

包头市近十年来经济建设与城市化进程导致包头市草地、林地、湿地等景观生态网络空间遭到占用与破坏，生态风险有所升高。鉴于此，在遥感和 GIS 技术的支持下，利用 2006 年、2010 年和 2016 年相同月份的三期遥感影像，计算两个时期内的景观格局动态度，制作两个时期的转移矩阵，研究两个时期的景观变化在空间上的密集程度，分析不同时期的景观重心位置来研究景观重心移动的距离与速度，运用景观指数对不同时期的景观格局进行分析，对引起景观变化的驱动力因子与景观变化密度进行相关性分析。

第一节

资料来源及处理

本研究主要数据源包括包头市夏季少云的遥感影像（2006

年、2010 年、2016 年)、归一化植被指数（NDVI）、地面数字高程（DEM）、各区县旗人口密度及工业园区分布数据。

2006 年和 2010 年两年的遥感影像来自 Landsat – 5TM 传感器，空间分辨率为 30m，2016 年遥感影像来自 Landsat – 8OLI 传感器，影像全色波段为 15m，多光谱波段分辨率为 30m。从地理空间数据云下载本次研究所需的遥感影像，通过 ENVI 5. X 结合 ArcGIS 10. X 软件来完成遥感影像的预处理与解译。建设用地分布数据来自《包头市土地利用总体规划》；影像提取的归一化植被指数（NDVI）、地面数字高程（DEM）来自地理空间数据云；各区县旗人口密度来自包头市统计年鉴。在 NOAA 官网下载 2016 年夜间灯光数据。

本研究所选取的遥感影像均为中低分辨率，所以进行遥感图像解译的方法为监督分类，操作的步骤为：①对遥感影像进行前期处理，包括在几何上对图像进行修正以及用大地坐标对图像进行空间位置配准，对图像不同的波段进行合并，对多幅影像进行拼接，按照研究需要对图像进行裁剪；②选择合适的波段进行假彩色融合，按照所提取地物的需求对图像进行增强；③参考研究区现场实测数据，建立感兴趣区（Region of Interest，ROI），并采用定性评价法对 ROI 的质量进行评价；④选用最大似然法（Maximum Likelihood）进行遥感影像分类；⑤进行遥感影像分类后处理，包括小斑块去除、分类统计与叠加、精度评定。

根据研究需要与研究区特点，结合土地利用一级分类体系，从遥感影像中提取耕地景观、林地景观、草地景观、水体景观、建设用地景观、其他用地景观共 6 类景观，经过实地验证确保其精度，将河滩地、空闲地、盐碱地、沼泽地、沙地、裸土地划分为其他用地类型，分类体系见表 3 – 1。

表 3 - 1　包头市景观分类体系

景观类型	所包含土地利用类型
耕地	水浇地、旱地
林地	有林地、灌木林地、其他林地
草地	天然牧草地、人工牧草地、其他草地
水体	河流水面、湖泊水面、水库水面、坑塘水面、沟渠
建设用地	城市、建制镇、村庄、采矿用地、风景名胜及特殊用地、铁路用地、公路用地、农村道路
其他用地	河滩地、空闲地、盐碱地、沼泽地、沙地、裸土地

第二节

研究方法

一　景观格局动态度

　　景观格局动态度反映某个时间段内包括土地资源面积的变化、景观类型的空间变化等多个景观类型的变化情况（Kindu et al.，2018：534 - 546；Luck et al.，2002：327 - 339）。景观格局动态度是指研究区域内在 T 时间内某一景观类型的变化情况，用来评价不同景观类型在一定时期内的变化量与变化速度（蒋勇军等，2004：2927 ~ 2931；Gardner et al.，1987：19 - 28），公式为：

$$K = \frac{U_b - U_a}{U_a} \times \frac{1}{T} \times 100\% \qquad (3 - 1)$$

式中：K 为 T 时间段内某一类型景观动态度；U_a、U_b 分别为 T 时间段开始与结束时某一类型景观的面积。

利用 2006 年、2010 年和 2016 年的土地利用数据分别统计 6 种类型景观在三个年份的面积，计算 6 类景观面积占同期包头市总面积的百分比，并分别计算 2006～2010 年与 2010～2016 年 6 种景观类型的景观格局动态度。

二　景观格局转移矩阵

景观格局转移矩阵用于描述不同景观类型之间的转化情况（Gustafson et al.，1992：101－110），既可以反映研究初期和末期的景观类型结构，也可以反映研究时间段内景观类型的转移情况，还可以用于描述景观类型转移的方向（王祺等，2014：1073－1084；O'Neill et al.，1996：169－180；Langford et al.，2006：474－488）。转移矩阵中的变量为景观类型的面积，可以生成研究区景观类型概率矩阵，实现在一定情境下的景观变化模拟（曾辉等，2002：2201～2209；Peterson，2002：329－338；Kelly，2001：3－16），其公式为：

$$
S_{ij} = \begin{bmatrix} S_{11} & S_{12} & \cdots & S_{1n} \\ S_{21} & S_{22} & \cdots & S_{2n} \\ \vdots & \vdots & \ddots & \vdots \\ S_{n1} & S_{n2} & \cdots & S_{nn} \end{bmatrix} \tag{3－2}
$$

式中：S 为土地面积；n 为景观的类型数；i、j 为研究初期与末期的景观类型。

ArcGIS 空间分析模块中的 Zonal 工具通过面积制表对 2006

年、2010 年和 2016 年三期的土地利用数据进行两两分析，分别得到 2006～2010 年、2010～2016 年的转移矩阵并进行统计，计算各景观转移量百分比，为直观显示转移方向和转移量，制作景观格局转移网络图。

三　密度分析模型

空间密度分析模型可以用于计算点与线要素在周围一定半径范围内的密度（Powell, 1996：2075 - 2085；Hansen et al., 1992：163 - 180）。空间密度分析在瘟疫暴发区、区域内交通情况分布等研究中应用广泛（Liu Qingchun, 2009：430 - 440；Hawbaker et al., 2005：609 - 625）。密度分析模型构建的步骤为：（1）对于研究区内所考虑的地理要素根据重要性设置权重，要素重要程度越高，设置的权重越大（Silverman, 1984：898 - 916；Hopkins, 2009：943 - 955）；（2）以公式（3 - 3）的方法计算搜索半径；（3）进行核密度分析，所用到的核函数以 Silverman 所研究的四次核函数为基础。

$$SR = 0.9\min\left(SD, \sqrt{\frac{1}{\ln(2)} \times D_m}\right) \times n^{-0.2} \qquad (3-3)$$

式中：SR 表示密度分析半径，SD 表示密度分析参考距离，D_m 是平均距离，n 是所有要素权重值的总和。

通过 ArcGIS 将 2006 年、2010 年、2016 年景观格局分布图转化为栅格数据，分别对 6 种景观类型栅格图进行重分类，得到用数字 1～6 表示的 6 种景观类型的新栅格图层。利用栅格计算器分别对 2006 年与 2010 年、2010 年与 2016 年的栅格图层相减，提取相减图层不为零的要素并转点处理，进行空间密度分析。

四 景观格局分布重心模型

景观格局分布重心模型在空间上可以直观地显示不同景观类型的分布，并对不同时间景观格局重心进行分析，研究景观格局演变的趋势与规律（张启斌等，2017：128～134；Fonseca et al.，2002：218－237；Cousins et al.，2003：315－332）。景观格局分布重心模型构建的过程（Jakli et al.，2008：93－104；Hunsaker et al.，1994：207－226）大致为：将一个区域分为若干小斑块，确定小斑块的重心坐标，将每个小斑块重心的横纵坐标与其面积相乘后分别累加，分别除以区域的总面积，重心坐标计算公式为：

$$X_t = \frac{\sum_{i=1}^{m} (C_{ti} X_i)}{\sum_{i=1}^{m} C_{ti}} \qquad (3-4)$$

$$Y_t = \frac{\sum_{i=1}^{m} (C_{ti} Y_i)}{\sum_{i=1}^{m} C_{ti}} \qquad (3-5)$$

重心距离迁移公式为：

$$C = \sqrt{(X_{t2} - X_{t1})^2 + (Y_{t2} - Y_{t1})^2} \qquad (3-6)$$

式中：X_t、Y_t 表示在 t 时间内研究区域景观类型时分别在初期与末期的景观的重心坐标，C_{ti} 表示研究区域在 t 时刻的第 i 个斑块面积，X_i 和 Y_i 表示研究区的坐标。X_{t1} 和 X_{t2} 分别表示研究区内某种景观类型在时刻 $t1$ 和时刻 $t2$ 的重心 X 坐标，Y_{t1} 和 Y_{t2} 分别表示研究区内某种景观类型在时刻 $t1$ 和时刻 $t2$ 的重心 Y 坐标，C 为研究区该景观在 $t1$ 和 $t2$ 时间段内重心移动的距离。

在 ArcGIS 中分别计算研究区每种景观类型在 2006 年、2010

年、2016 年的重心坐标，并计算各景观类型在两个时期内的重心转移距离，根据研究区内不同景观在多时间序列的转移距离和方向，计算重心转移速度。

五　景观格局指数

为了全面揭示包头市不同时期景观格局特征的变化（蔡博峰等，2008：2279～2287；罗明等，2002：60～63；张晓光等，2006：20～21；Zhang et al.，2004：0－16），从斑块特征、空间邻接度、聚散性等多个方面，分别在景观水平和类型水平上选取景观指数，对包头市景观空间格局、形状特征、聚集程度等进行分析（陈文波等，2002：121～125；Fu et al.，2006：387－396；Radeloff et al.，2004：1233－1244）。根据实际情况，在景观水平上选取 6 个景观指数，类型水平上选取 8 个景观指数。

景观水平上选取蔓延度指数（CONTAG）用于描述不同景观斑块的聚集与蔓延程度；选取散布与并列指数（IJI）用于描述受到某种自然条件严重制约的生态斑块的分布特征；分割指数（DIVISION）用于描述景观的分离程度；香农多样性指数（SHDI）、香农均匀性指数（SHEI）用于描述景观的多样性；聚集度指数（AI）用于在景观尺度上描述斑块的聚集程度。类型水平上的指数为斑块密度（PD）、形状指数（LSI）、散布与并列指数（IJI）、斑块凝聚度指数（COHESION）、分割指数（DIVISION）、有效粒度面积（MESH）、分离度指数（SPLIT）、聚集度指数（AI）。景观格局指数计算公式及说明参考相关文献，采用 FRAGSTATS 软件进行计算。

第三节

研究结果

一　景观格局动态度变化分析

　　基于 2006 年、2010 年和 2016 年的遥感影像，提取不同年份的土地利用数据。对 3 个年份的土地利用数据分别统计 6 种类型景观的面积，并计算各类景观占同期包头市总面积的百分比。从图3-1可以看出，2006～2016 年草地、耕地是包头市主要的景观类型。2006 年草地约占景观总面积的 67%，2006～2010 年由于包头市北部裸地变为牧草地，草地景观到 2010 年增长至 73%。2010～2016 年，草地景观类型比例变化不明显。2010～2016 年耕地景观类型面积比例降低了 1 个百分点，建设用地占总面积比

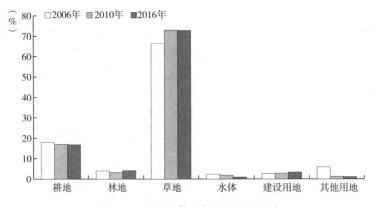

图 3-1　包头市景观类型面积百分比

例 10 年间增长约 1 个百分点。由于对其他用地的开发与利用,其他用地占总面积比例降低 1 个百分点左右。

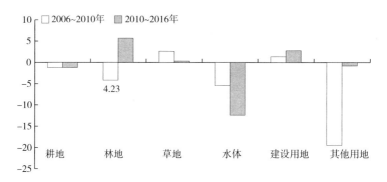

图 3 - 2　包头市景观变化动态度

计算景观变化动态度可以反映景观变化的速度,动态度越大表明景观变化越剧烈(见图 3 - 2)。草地和建设用地在两个时间段增长趋势相同,由 2006 ~ 2010 年的增长度 2.5 和 1.3 变化为 2010 ~ 2016 年的 0.24 和 2.76;草地呈现增长减缓的趋势。耕地、水体和其他用地在两个时间段减少的趋势相同,2006 ~ 2010 年的减少度为 1.13、5.5、19.48,2010 ~ 2016 年的减少度为 1.13、12.39、0.87。耕地减少度不变,水体景观的减少度加快。其中在 2006 ~ 2010 年,其他用地的减少度较高。林地景观在两个时间段呈现不同的变化趋势,2006 ~ 2010 年林地的减少度为 4.23%,在 2010 ~ 2016 年林地景观呈现面积增长的趋势,增长度为 5.52%,景观动态度变化较大。

二　景观格局转移网络分析

基于 ArcGIS 的空间分析工具面积制表,获取两个时间段景观变化转移矩阵，为直观显示转移方向和转移量，制作景观格局转移网络图。在 2006~2016 年，包头市 6 种类型景观发生了明显的相互转化（见图 3-3）。

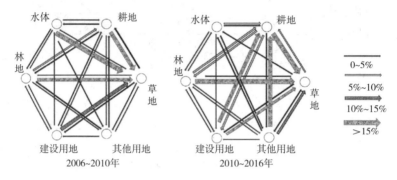

图 3-3 包头市景观格局转移网络

三 景观格局变化空间集聚特征分析

2006~2016 年 10 年间，景观变化在包头市呈现点状分布，主要分布在耕地密布、草地破碎的农业耕作区和不同景观交替的边缘区（见图 3-4）。随着经济建设与城市化进程加速，居民聚集点的景观变化较明显。而不同类型的景观演变在时空上也有不同的特征，在 2006~2010 年，景观格局变化最大值为 15.4036，变化的区域集中在乌克忽洞乡、下湿壕乡、土默特右旗、九原区。在 2010~2016 年，景观格局变化最大值为 33.7908，与 2006~2010 年相比，景观变化更为明显，景观格局变化空间上更为聚集。变化的区域主要集中在五当召镇、将军尧乡、三道河乡。包头市中部与东南部景观变化密集，反映了农田与建设用地的扩张对于景观格局有影响。

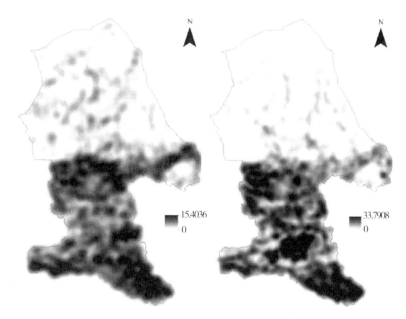

图 3 - 4　包头市景观类型转移密度示意

四　景观格局重心转移变化

　　基于 ArcGIS 分别计算 2006 年、2010 年和 2016 年的重心坐标并计算相邻年份重心间的距离，根据转移方向、距离和速度绘制表 3-2，并绘制各类景观类型重心转移图（见图 3-5）。

表 3 - 2　景观类型重心转移方向、距离和速度

景观类型	方向	2006～2010 年 距离（km）	速度 （km/年）	方向	2010～2016 年 距离（km）	速度 （km/年）
草地	西北	1.63	0.41	东北	2.58	0.43
水体	东南	20.30	5.08	东南	42.25	7.04
林地	东南	14.78	3.70	西北	9.17	1.53
耕地	东北	2.53	0.63	西南	9.98	1.66
建设用地	西南	5.86	1.47	西南	25.44	4.24

景观类型	方向	2006~2010 年 距离（km）	速度 （km/年）	方向	2010~2016 年 距离（km）	速度 （km/年）
其他用地	东南	73.79	18.45	西北	31.37	5.23

在 2006~2016 年，其他用地和水体景观的迁移较为明显。在 2006~2010 年，其他用地中的北部大面积裸土地经过生态治理，面积减少，重心向东南移动 73.79km。在 2010~2016 年，对南部其他用地中的沙地与裸土地进行整理与治理，其他用地重心向西北移动 31.37km。

水体景观的重心在两个时期持续向南移动，表明包头市南部水土保持、引黄蓄水工程取得成效。建设用地的重心持续向西南移动，2010~2016 年移动距离达到 25.44km，表明包头市西南部城市化进程不断推进。耕地景观类型重心在 2006~2010 年以 0.63km/年的速度向东北移动，反映出在西河乡、乌兰忽洞乡、希拉穆仁镇等地耕地景观类型的扩张。在 2010~2016 年，包头市南部将军尧乡、海子乡、沙海子乡等耕地景观类型扩张，导致耕地景观类型的重心以 1.66km/年的速度向西南移动 9.98km。林地景观类型在 2006~2010 年由于大庙乡、银号乡、下湿壕乡等地生态状况不断好转，林地景观面积扩大，导致重心以 3.7km/年的速度向西南移动了 14.78km。草地景观重心，在两个时间段均向北移动，分别以 0.41km/年和 0.43km/年的速度移动了 1.63km和 2.58km。

五 景观格局指数变化分析

基于 FRAGSTATS 专业软件，将 2006 年、2010 年、2016 年

三期的景观类型分布图转化为 geo Raster 格式，在景观和类型的尺度上进行景观格局指数的计算（见表 3-3、表 3-4）。

表 3-3　景观水平景观格局指数

年份	蔓延度指数（CONTAG）	散布与并列指数（IJI）	景观分割指数（DIVISION）	香农多样性指数（SHDI）	香农均匀性指数（SHEI）	聚集度指数（AI）
2006	66.44	75.31	0.74	1.07	0.60	97.79
2010	72.14	71.31	0.69	0.89	0.49	98.04
2016	71.29	66.38	0.64	0.85	0.48	96.53

2006~2010 年在景观尺度上蔓延度指数增长至 72.14，景观散布与并列指数变化幅度较大，降低至 71.31，景观分割指数、香农多样性指数、香农均匀性指数均呈略微减少，聚集度指数略微增加。2010~2016 年，在景观尺度上蔓延度指数呈减少趋势，降低至 71.29。散布与并列指数降低至 66.38。景观分割指数、香农多样性指数、香农均匀性指数、聚集度指数均呈减少趋势，表明不同景观类型之间的均衡度增加，尚未形成优势景观，景观破碎度基本加剧。

在类型尺度上，2010~2016 年草地的斑块密度指数呈下降趋势，草地景观的破碎度加剧导致其形状指数增加至 87.35，散布与并列指数降低至 71.90，分离度指数减少至 2.77。水体景观在 2006~2010 年的形状指数增加幅度明显，增长至 64.70，由于包头市地处内陆，气候干燥，水体景观破碎导致分离度指数较高。2006~2016 年，建设用地的形状指数增加至 120.74，散布与并列指数先减少后增加，有效粒度面积增长至 888.71，分离度指数降低。林地的斑块密度呈现降低的趋势，在 2006~2010 年，分离度指数减少至 9679.86，在 2010~2016 年形状指数增加。耕地的斑

表 3－4 类型水平景观格局指数

年份	景观类型	斑块密度	形状指数	散布与并列指数	斑块凝聚度指数	分割指数	有效粒度面积	分离度指数	聚集度指数
2006	草地	0.06	59.68	87.88	99.96	0.74	705670.60	3.89	98.69
	水体	0.03	56.33	71.52	98.45	1	23.45	117084.40	93.67
	其他用地	0.03	44.41	64.18	98.69	1	82.06	33451.49	96.81
	建设用地	0.09	65.44	65.61	95.78	1	7.08	387471.90	93.11
	林地	0.05	58.69	51.40	98.63	1	84.73	32399.09	94.77
	耕地	0.04	77.32	63.32	99.84	0.99	9140.26	300.34	96.75
2010	草地	0.05	50.71	81.42	99.95	0.69	854268.80	3.21	98.95
	水体	0.02	64.70	64.63	98.73	1	20.67	132829	91.74
	其他用地	0.01	36.57	79.96	97.86	1	4.89	561360	94.45
	建设用地	0.08	65.69	63.83	97.47	1	32.59	84238.09	93.26
	林地	0.03	52.29	49.23	99.19	0.99	283.61	9679.86	94.89
	耕地	0.04	77.62	61.13	99.78	0.99	5823.84	471.39	96.66
2016	草地	0.53	87.35	71.90	99.96	0.64	997145.40	2.77	98.19
	水体	0.05	51.65	74.30	96.63	1	3.07	898856.90	87.42
	其他用地	0.16	81.92	68.03	97.02	1	5.09	541902.80	86.71
	建设用地	0.45	120.74	64.93	99.50	0.99	888.71	3102.78	88.52
	林地	0.25	94.78	55.23	98.78	0.99	280.23	9840.18	91.97
	耕地	0.37	156.82	60.00	99.68	0.99	3686.06	748.08	92.95

块密度在两个时期呈现略微减少趋势，形状指数在两个时期均增加，有效粒度面积减少至 3686.06，分离度指数增加至 748.08。

六　景观格局演变驱动力分析

基于 ArcGIS 对包头市进行 2006～2010 年和 2010～2016 年景观变化核密度分析，核密度可以直观地反映景观变化的密集程度，统计每个像元（大小为 1000m × 1000m）的核密度值与 2006～2016年多年平均 NDVI 值、改进的归一化差异水体指数 MNDWI（Modified NDWI）和夜间灯光数据值，基于 MATLAB 进行 pearson 相关性分析（见图 3 – 5）。

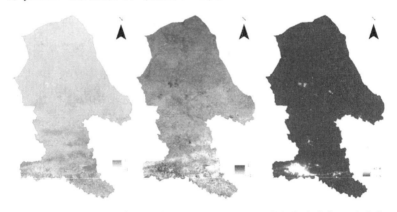

图 3 – 5　2006～2016 年包头市 NDVI、MNDWI、夜间灯光多年平均分布

景观变化密集度与 NDVI 在 2006～2010 年的相关性为 0.38，在 2010～2016 年的相关性为 0.43，植被覆盖度高的区域多为耕地，耕地与生态景观交错的区域多为景观变化密集的区域。景观变化密集度与 MNDWI 在 2006～2010 年的相关性为 – 0.30，在 2010～2016 年的相关性为 – 0.33，水体景观所占比例最小，对于景观变化的影响较小。景观变化密集度与夜间灯光数据值的相关性较小，在 2006～2010 年的相关性为 0.11，在 2010～2016 年的相关性为 0.0695，夜间灯光数据值高的区域多为建设用地，随着城市化进程的推进，建设用地的扩张导致与其交错的区域成为景观变化密集的区域。

第四节

本章小结

将包头市景观类型分为草地、林地、耕地、水体、建设用地、其他用地共六种景观类型。2006～2016 年 10 年间市域景观特征发生了显著的变化，2006～2010 年其他用地景观类型的减少速度提高了 19.48%，10 年间建设用地的增加速度从 1.3% 增长至 2.76%，城市化进程加速导致生态景观破碎。2010～2016 年有 15.19% 的耕地转化为草地景观，3.79% 的耕地转化为建设用地。10 年间景观变化在包头市呈现点状分布，主要分布在耕地密布、草地破碎的农业耕作区和不同景观交替的边缘区。其他用地中的北部裸土地经过生态治理，面积减少，其他用地重心向东南移动 73.79km，从景观转移反映出包头市生态建设成效显著。在景观尺度上，2006～2016 年蔓延度指数增加了 4.85，散布与并列指数、景观分割指数、香农多样性指数、香农均匀性指数、聚集度指数分别减少了 8.93、0.10、0.22、0.12、1.26。尚未形成优势景观，景观破碎度加剧。在类型尺度上，2006～2016 年草地景观的散布与并列指数、分离度指数分别减少了 15.98、1.12。建设用地的形状指数增长了 55.3，聚集度指数降低了 4.59。耕地的形状指数和分离度指数分别增加了 79.50、447.74。结合景观格局指数分析结果并进行驱动力分析，发现景观变化密集度与 NDVI 的相关性为 0.43，与 MNDWI 的相关性为 - 0.33，与夜间灯光数据值的相关性为 0.11。

第四章

包头市主体景观结构及格局特征分析

草原是地球上分布最为广泛的一种生态系统（代光烁等，2012：656～662；张宏斌等，2009：134～143），草原的生态作用十分明显（赵军等，2008：285～287），在调节气候、涵养水源、固持碳素和防止沙尘暴等方面发挥着极其重要的生态功能（宝音等，2002：62～65；李景平等，2006：81～85）。包头市丘陵草原面积占包头市总面积的75.51%，草地景观是包头市的主体景观类型（潘庆民等，2018：1642～1650；李斌等，2010：141～147）。包头市位于北方游牧区和中原农耕区的交错地带，草地景观的生态作用至关重要（庞立东等，2010：155～160；范红科等，2008：64～69）。随着目前荒漠化问题的加剧，中国北方草地景观也受到极大的威胁，草原退化问题已经成为目前的研究热点和难点，草地景观结构的完整性对于维持区域生态环境稳定和区域生态安全至关重要，对于草地景观结构进行准确评价已经成为研究重点（魏伟等，2014：2023～2035；张凌等，2002：37～39）。针对景观结构评价的研究较多，主要利用GIS空间分析方法、地学信息图谱方法、园林结构设计方法、景观生态学分析法和空间格局分析法等对流域、区域、森林等进行景观结构的分析评价（赵春燕等，2014：41～44；张建春等，2009：34～39），而目前针对草地景观进行多层次的结构分析较少。草地景观斑块与森林斑块间具有一定的相似性，斑块间进行着各种复杂的生态过程（陈晓敏等，2011：46～52；于佳生，2015；王鑫，

2015；李景平等，2007），斑块间通过物质与能量的流动耦合维持总体可持续形态，形成"斑块耦合体"。本章研究基于草地景观斑块的"斑块耦合体"理论，结合 GIS 空间分析技术和景观格局指数分析方法（张建春，2009：34～39），对包头市草地景观的空间结构、景观结构以及斑块耦合体结构进行评价研究。

第一节

研究方法

一 草地景观分类

包头市草地景观由于其植被盖度的不均匀，可以进一步地进行分类和分区，本章研究根据包头市土地利用二级分类数据集合遥感影像提取的 NDVI 数据进行草地景观的分类和分区（张敏，2011；Birtwistle A. N.，2016：15－24；龚建周等，2007：4075～4085）（见表 4－1）。

表 4－1　草地景观分类系统

组织层级	景观类型及代码
整合层级	草地（1）
分化层级	天然牧草地（11）、人工牧草地（12）、其他草地（13）
精细层级	NDVI：1 级（－0.25652～0.090015）、2 级（0.090015～0.108493）、3 级（0.108493～0.124603）、4 级（0.124603～0.148767）、5 级（0.148767～0.170088）、6 级（0.170088～0.191409）、7 级（0.191409～0.215574）、8 级（0.215574～0.239738）、9 级（0.239738～0.278607）、10 级（0.278607～0.326182）、11 级（0.326182～0.391382）、12 级（0.391382～0.783294）

包头市全域有 28009 个作业管理单元（草地斑块），127437 个不同用地类型斑块（小斑）。统计共有 32 种用地类型，其中草地类 3 种，按 NDVI 值将其分为 12 个等级。

二 草地景观斑块格局

为了全面揭示包头市草地景观的格局特征，从斑块特征、空间邻接度、景观多样性等多个方面，笔者分别在景观水平和类型水平上选取景观指数，对草地景观的空间格局、形状特征、聚集程度等进行分析。其中景观水平上选取 12 个指数，类型水平上选取 8 个指数。

景观水平景观指数分别是 TA、PD、LPI、FRAC_ MN、CONTAG、PLADJ、IJI、COHESION、DIVISION、MESH、SPLIT、AI。

类型水平景观指数分别是 PLAND、PD、LPI、CLUMPY、PLADJ、IJI、DIVISION、AI。各指数采用 FRAGSTATS4.2 软件进行计算，公式及说明见相关文献。

三 草地景观斑块耦合网络分析

草地景观各斑块间有着复杂的生态过程关系，斑块间通过物质的交换与能量的流动维持其总量存在，形成完整的"草地景观斑块耦合体"。根据包头市草地景观实际情况并结合生境斑块的"斑块耦合体"理论，对所提取的草原斑块耦合体利用 ArcGIS 软件对草地景观斑块耦合体进行地理空间分析，运用 Pajek 软件对草地景观斑块耦合体进行抽象化处理，提取草地景观斑块耦合网络。提取草地景观斑块的形心作为节点，通过每一条边连接不同节点。由于草地景观斑块的形状较复杂，边缘效用十分明显，为更好地研究草地景观斑块间的结构拓扑关系同时为便于计算，将节点与节点之间的边都赋予权重为1。

第二节

研究结果

一 草地景观分区

根据2016年土地利用数据，在包头市全域内共提取28009个草地斑块。大块草地分布在包头市北部，中部山脉分布大量灌木林地，导致中部草地斑块破碎。城区位于包头市南部，大量农田分布在城区周围，导致南部草地景观类型为其他草地，且为破碎斑块。全域内天然牧草地斑块数量最多，共14675个，大块（面积大于1km²）分布在包头市北部，细碎斑块（面积小于0.01km²）分布在中部、南部。其他草地共有12438个，大部分位于包头市南部，部分位于北部和中部。天然牧草地斑块数量最少，共有869个，均为细碎斑块，分布于包头市中部，见图4-1。

提取包头市全域内归一化NDVI指数，由于包头市南部为城区，人工植被密集且周围有大量农田，因此南部NDVI值较高。大块天然牧草地分布在北部，导致北部NDVI值较低。大面积灌木林地分布在包头市中部，导致中部NDVI值偏低。且中部有少量农田，导致中部小区域内NDVI值较高，见图4-2。

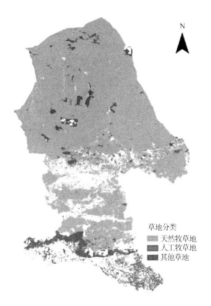

图 4 - 1　草地分类示意

图 4 - 2　研究区 NDVI 分布示意

对包头市全域内草地按 NDVI 值对草地斑块进行分级，共 12 级，等级大致从北部到南部逐渐升高，见图 4 - 3。北部大块天然牧草地等级为 1、2、3 级，天然牧草地 NDVI 值较低，因此分级等级偏低。中部温度、降水量等自然因素均优于北部，因此中部牧草地 NDVI 值较高，分级等级较高。南部自然因素较好且有河流分布，大部分为人工草地，因此南部草地 NDVI 值较高，分级为较高的等级。

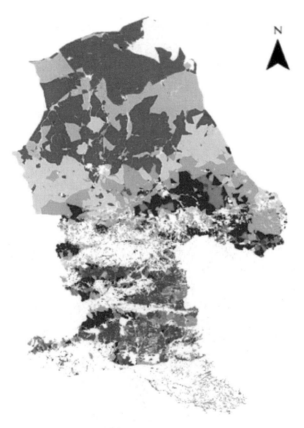

图 4 - 3　研究区 NDVI 分级

二　草地景观斑块格局分析

表 4 – 2　景观尺度景观格局指数

景观面积（km²）	斑块密度	最大斑块占景观面积比例	平均分维度	蔓延度指数	相似临近百分比指数
200.8001	1.3454	10.9284	1.1176	54.867	98.9618
散布与并列指数	斑块凝聚度指数	分割指数	有效网格面积（km²）	分离度指数	聚集度指数
75.5631	99.833	0.9717	56919.15	35.2781	98.9841

包头市全域内草地景观总面积为 200.8001km²，斑块密度为 1.3454，最大斑块占景观面积比例指数较高，蔓延度指数为 54.867。相似临近百分比指数、散布与并列指数较高，斑块凝聚度指数较高，为 99.833。分割指数较低，为 0.9717。有效网格面积为 56919.15km²，分离度指数较低，为 35.2781，聚集度指数较高，为 98.9841，见表 4 – 2。

表 4 – 3　类型尺度景观格局指数

草地等级	斑块占景观面积比例指数	斑块密度	最大斑块占景观面积比例指数	丛生度	相似临近百分比指数	散布与并列指数	分割指数	聚集度指数
1 级	2.7919	0.0150	2.6680	0.9975	99.7135	52.1936	0.9993	99.7556
2 级	11.3723	0.0202	10.9284	0.9981	99.81	67.1627	0.9881	99.8309
3 级	10.9758	0.0341	3.0345	0.9962	99.6378	58.7231	0.9982	99.6591
4 级	18.3803	0.0912	7.5311	0.9944	99.5277	70.0611	0.9926	99.5441
5 级	15.1144	0.1592	5.0731	0.9905	99.1741	63.1113	0.9966	99.1921
6 级	15.5035	0.2122	3.0048	0.9848	98.6995	64.762	0.9978	98.7172

草地等级	斑块占景观面积比例指数	斑块密度	最大斑块占景观面积比例指数	丛生度	相似临近百分比指数	散布与并列指数	分割指数	聚集度指数
7级	11.0038	0.2066	1.6731	0.9821	98.3816	65.7409	0.9995	98.4026
8级	4.5130	0.1669	0.9126	0.9758	97.6532	76.0743	0.9999	97.6857
9级	4.5437	0.1735	0.4014	0.9735	97.4424	78.9156	0.9999	97.4747
10级	3.4488	0.1159	0.4450	0.9738	97.4348	76.7343	0.9999	97.4718
11级	1.7556	0.0798	0.2647	0.9729	97.2846	77.2225	1.0000	97.3364
12级	0.5969	0.0708	0.1962	0.9684	96.7738	73.0854	1.0000	96.8623

第1级斑块占草地景观面积比例较低，斑块密度较低，散布与并列指数最低。第2级斑块占草地景观面积比例较高，斑块密度较低，聚集度指数较高。第3级斑块占草地景观面积比例较高，聚集度指数较高。第4级斑块占草地景观面积比例最高，散布与并列指数较高。第5级斑块占草地景观面积比例较高，最大斑块占景观面积比例较高，散布与并列指数较高。第6级斑块占草地景观面积比例较高，斑块密度较高，散布与并列指数较高。第7级斑块占草地景观面积比例较高，斑块密度较高，最大斑块占景观面积比例较高，散布与并列指数较高，分割指数较高，聚集度指数较高。第8级斑块占草地景观面积比例较低，斑块密度较高，最大斑块占景观面积比例较低，聚集度指数较低，相似临近百分比指数较低，分割指数较高，聚集度指数较低。第9级斑块占草地景观面积比例较低，分割指数较高。第10级斑块占草地景观面积比例较低，斑块密度较低。第11级斑块密度较低，分割指数最高。第12级最大斑块占景观面积比例较低，分割指数最高，见表4-3。

三 草地景观斑块耦合网络结构分析

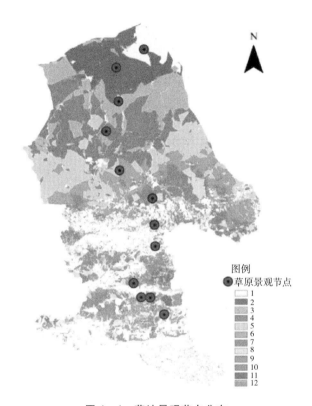

图 4 - 4　草地景观节点分布

对包头市全域内草地景观在 ArcGIS 进行重分类，共分为 12 级。用要素转点工具提取各等级的草地景观节点如图 4 - 4 所示。由于黄河位于包头市南部，因此距水源由近到远，植被盖度大致为从南到北递减。根据各级源地空间上的连接关系，不同等级间若相连接，两者之间的相关系数为 1，构建草地景观的邻接矩阵见表 4 - 4。

表 4 - 4　草地景观网络邻接矩阵

级别	1 级	2 级	3 级	4 级	5 级	6 级	7 级	8 级	9 级	10 级	11 级	12 级
1 级	0	1	0	0	0	0	0	0	0	0	0	0
2 级	1	0	1	1	1	0	1	1	0	0	0	0
3 级	0	1	0	1	0	1	0	1	0	1	0	0
4 级	0	1	1	0	1	1	1	1	0	0	1	0
5 级	0	1	0	1	0	1	1	1	1	0	1	0
6 级	0	0	1	1	1	0	1	1	1	0	0	0
7 级	0	1	1	1	1	1	0	1	1	0	0	0
8 级	0	1	1	1	1	1	1	0	1	1	0	0
9 级	0	0	0	0	1	1	1	1	0	1	0	0
10 级	0	0	1	0	0	0	1	1	1	0	1	1
11 级	0	0	0	1	1	0	0	0	1	1	0	1
12 级	0	0	0	0	0	0	0	0	0	1	1	0

　　根据所提取的草地景观网络，利用度及度分布评价节点的连通性，利用平均路径长度评价网络的连通情况，利用聚类系数分析生态网络的聚集特点。利用这三个基本统计指标对其进行基本结构特征的分析（见图 4 - 5）。

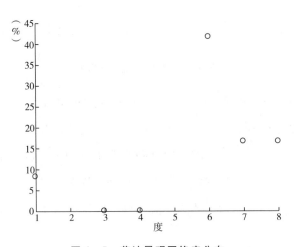

图 4 - 5　草地景观网络度分布

由图 4 – 5 可知度为 1 的草地斑块节点有 1 个，度为 6 的草地斑块节点数量最多，有 5 个。度最大值为 8，有 2 个节点。该优化前的草地生态网络的整体散点分布既不是典型的幂律分布，也不是 Poisson 分布，表明该草地景观网络无标度性特征要强于均匀性特征。

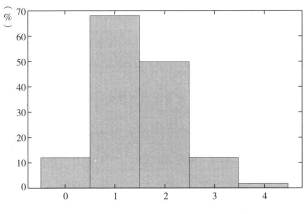

图 4 – 6 草地景观网络平均路径长度

本研究中提取出来的草地生态网络，显示的是任意两个生态节点之间的最短生态廊道路径上生态廊道的数量。利用 Matlab 编程实现网络平均路径长度的计算，得出包头市草地生态网络的平均路径长度为 1.6061（见图 4 – 6）。

在生态网络中，一个生态节点可能会同时与其他两个生态节点相连通，所提取的潜在生态网络的聚类系数为 0.6131。该草地生态网络的小世界特性并不明显，导致该潜在生态网络不具备小世界网络的特性。该潜在生态网络的聚类系数分布如图 4 – 7 所示。该潜在生态网络的聚类系数为 0 的生态节点数量占生态节点总数的 8.33%，有 1 个，这个节点与其他节点不具有集群的特点。有 3 个节点的聚类系数为 0.67，2 个的聚类系数为 0.73，这

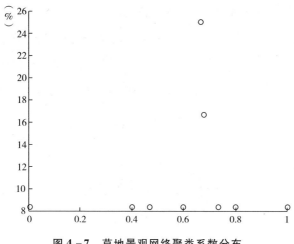

图 4 - 7　草地景观网络聚类系数分布

些生态节点又具有明显集群特征。从图 4 - 7 可以得到该草地生态网络具有明显的非均匀性。在空间上的分布可能会有一些区域过于集中，而另一些区域又没有生态节点的分布，这样的生态网络结构不稳定性较大。

第三节

本章小结

　　本章提取包头市共 28009 个草地景观斑块，大块分布在包头市北部，中部、南部草原斑块破碎。对研究区草地按 NDVI 值共分为 12 级，等级大致从北部到南部逐渐升高。基于景观和类型尺度，进行景观格局指数计算。在景观尺度上，包头市全域内景观相似临近百分比指数、散布与并列指数较高，景观分割指数较低。在类型尺度上，1～7 级所占比例较高，斑块密度较低，聚集度指数较高。8～12 级所占比例较低，景观分割指数高，景观破碎，连通性差。根据所提取的草地景观网络，利用度及度分布评价节点度、平均路径长度、聚类系数分析生态网络的特点。发现该草地景观网络的度为 6 的草地斑块节点数量有 5 个。度最大值为 8 的节点有 2 个，平均路径长度为 1. 6061，该草地景观网络具有明显的非均匀性。

第五章

包头市生态网络层级性特点及拓扑结构分析

在西北半干旱区，水体、草地、森林等景观分布严重不均，人工与自然景观生态网络空间成为维持脆弱生态环境的重要保障（孔繁花等，2007：1711～1719；Forman R. T. T. 等，1998）。生态作用大的生境斑块构成维护区域生态稳定的主体（Swetnam T. W. 等，1999：1189），生态作用小的生境斑块依靠周围生态作用大的生境斑块（邓红兵等，2008：1519～1524；Steele J. H. 等，1998），可维护局部小尺度生态环境稳定。不同生态作用的生境斑块在自然状态下具有明显的层级性（周华荣等，2001：314～320；Christensen V. 等，1992：169－185），每层廊道连接生境斑块，每层生态网络构成了包头市层级生态网络（曾明华等，2010；Crowl T. 等，2008）。这种层级生态网络在空间上具有复杂的结构，每层生态网络之间有着复杂的关系。

层次性研究广泛应用于地理网络中（郑浩原等，2011：85～88；Blasius B. 等，1999：354），层次性特征可以抽象为网络中节点的差异性（唐宽鹏等，2017：134～136；张军，2008：6～10），将网络中的节点划分成不同等级，并构建相应的覆盖图，通过层次化算法挖掘网络内部层次特征，将一些重要节点从某一层次提取出来构建上一层网络（周炎，2010；吕东等，2014）。本书所研究的生态网络是层级空间生态网络，是具有空间与生态属性的层级网络。在西北半干旱区，生态环境脆弱，重要生态节点遭破坏极易引发层次生态网络的级联失效（窦炳琳等，2011：

1459～1463；李然等，2010），导致整个生态网络崩溃，大尺度、多层次生态网络的构建可以保证区域生态安全（张蕾等，2014：1337～1343；周秦等，2011；张志安等，2016：29～37）。基于最小累积阻力模型，探寻最小成本路径，来提取包头市层级生态网络的骨架廊道（赵庆建等，2011：30～33）。用复杂网络的理论来研究层级生态网络的拓扑结构，对网络中节点度进行分析，寻找节点度分布的规律。对网络的聚类系数进行分析来研究不同尺度上节点的聚集程度，对节点的介数进行分析来研究网络中的重要节点。根据研究区的实际情况，选用合适的鲁棒性评价指标，对网络进行破坏模拟来研究网络的稳定性。

第一节

研究方法

一 层级网络提取模型

（1）层级生态源地节点提取

生态源地是具有重要的生态服务价值和生态敏感性较高的用地，在空间分布上具有一定的聚集性（王玉莹等，2019：1～12；李琳，2010）。根据研究区景观格局分布数据，提取林地、草地、水体景观生态网络空间，将景观生态网络空间划分为绿色和蓝色景观生态网络空间。利用 ArcGIS 的分区统计工具，分别统计每个生态斑块所对应的 NDVI 值和 MNDWI 值。引入能值理论（宁小

莉等，2010：1997～1998；刘海龙，2007：42～43），分别利用
NDVI 值和 MNDWI 值来描述林草地和水体的特征，计算每个景观
生态网络空间的面积大小，根据两方面来构建能量因子 Q_j，计算
所有生态斑块的能量因子 Q_i，并结合景观生态功能的大小对景观
生态网络空间进行层级划分（程莉等，2014：12～16；胡德秀
等，2011：224～230；李光耀，2009）。能量因子 Q_j 计算公式为：

$$Q_j = A_j N_{jr} \qquad (5-1)$$

其中，A_j 为第 j 块景观生态网络空间斑块面积；N_{jr} 是第 j 个生
境斑块的第 r 个归一化指数，本研究中选择两种归一化指数描述
生境斑块，故 r 分别取值 1 和 2，N_{j1} 为第 j 块生境斑块的 NDVI 平
均值，N_{j2} 为第 j 块生境斑块的 MNDWI 平均值。

（2）层级生态廊道提取

基本累积阻力面模型仅考虑了生态源地、距离和基面单元阻
力系数三方面因素（代小等，2010：280～285；Makadok R. 等，
2002：10-13）。半干旱区生态环境脆弱，生态源地的大小以及
源地类型会影响生态源地的能量大小（宁小莉等，2006；Kai X.
等，2010：738-741）。将层级生态源地、源地能量等级、源地
间距离、基面阻力系数四方面因素考虑到其中，可以得到修正最
小累积阻力模型，公式为：

$$V_{MCR}Q = f_{min} \sum_{j=n}^{i=m} D_{ij} R_i Q_j \qquad (5-2)$$

其中，$V_{MCR}Q$ 为最小生态累积阻力面值；f_{min} 为一个像元格内
的累积阻力最小值；D_{ij} 为从生态源地 j 到下一个像元格 i 的空间距
离；R_i 为用地单元 i 运动过程的阻力系数；Q_j 为层级生态源地 j 的
能量因子，一个生态源地的能量因子值越大表示该生态源地的生
态价值越大，生态作用辐射半径越大。

根据包头市的实际情况，坡度越平缓、植被盖度越高、距水体越近，生态能量流动越畅通（邵景力等，2003：49~55；Mehta M. L. 等，1963）。运用土地利用数据来提取农田与建设用地，是用来研究生态能量流动的刚性限制（刘忠梅等，2005：223~227；Allen R.，G. D.，1932）。从地形地貌、植被覆盖、水文分布、土地覆盖共四方面建立生态阻力的评价体系。四个阻力因子对于维护半干旱区生态环境具有极大的作用，所以对四个因子赋予相同的权重（刘君等，2013：157~162；Hicks J. 等，1934：52-76；Townshend H.，1937：157-168；Fine B.，2004：29-50）。按照表5-1将各项生态阻力划分为5个等级，分别用1、3、5、7、9来表示程度、生态阻力基面的综合评价结果（陆宏芳等，2015：121~126；Hicks J. R.，1934：196-219；Wiles P.，1963：183-200）。利用ArcGIS软件中的成本距离生成每层生态网络对应的最小生态累积阻力面。基于最小累积阻力面，利用ArcGIS软件中的cost-path模块提取层级生态廊道（见表5-1）。

表5-1 阻力评价体系

一级因子	二级因子	等级	阻力值
地形地貌	DEM	0~1000m	1
		1000~1300m	3
		1300~1500m	5
		1500~1700m	7
		>1700m	9
植被覆盖	NDVI	<0	9
		0~0.2	7
		0.2~0.33	5
		0.33~0.6	3
		>0.6	1

续表

一级因子	二级因子	等级	阻力值
水文分布	MNDWI	$-0.998 \sim (-0.6)$	9
		$-0.6 \sim (-0.4)$	7
		$-0.4 \sim 0$	5
		$0 \sim 0.5$	3
		0.999	1
土地覆盖	土地利用类型	建制镇、村庄、城市、交通用地、公路用地、沙地、裸土地、机场	9
		采矿用地、设施农用地、水工建筑用地、风景名胜及特殊用地	7
		天然牧草地、水浇地、盐碱地、旱地	5
		沟渠、河流、河滩地	3

二　基于图论的层级生态网络结构评价指标

通过图论的网络测度指标可以评价一个生态网络的连接性和复杂性（Liu X.，2010：421－423），网络结构分析可以有效探究生态网络内部结构，采用 α 指数、β 指数、γ 指数等网络结构指数来研究层级生态网络的闭合度水平和连接度水平（Shifa M. A.，2015）。α 指数用来描述网络中可能出现的回路程度（Huiwei X.，2014），值越大表明该网络的物质循环和流通越流畅；β 指数指网络中每个节点的平均连线数（Volkova V. V.，2012），可以度量网络的复杂性；γ 指数可以反映网络的连接程度（Manoj K.，2015），公式为：

$$\alpha = \frac{l - v + 1}{2v - 5} \qquad (5 - 3)$$

$$\beta = \frac{l}{v} \qquad (5 - 4)$$

$$\gamma = \frac{l}{I_{\max}} = \frac{l}{3(v - 2)} \qquad (5 - 5)$$

式中：l 为廊道数；v 为节点数。

三　复杂网络模型

利用 ArcGIS 软件中空间关系建模等功能，把分层生态源地分别抽象成 N_i 个节点，E_i 条边构成包头市分层生态网络。利用空间统计中的工具把网络转换成表，再将表转化为 Pajek 能识别的 . net 格式的网络数据。

（1）网络基本静态统计特征

（a）度及度分布

在一个生态网络中，生态节点的度是与该生态节点相连廊道的数量，节点的度越大表明该生态节点的重要性越高（Liu L. L. 等，2010），这个生态节点在生态网络中的地位越大。网络的平均度是衡量一个生态网络结构的重要指标，网络的平均度是网络中每个生态节点度的平均值（Sun Y. 等，2014：411 - 421）。计算公式如下：

$$\langle k \rangle = \frac{1}{N} \sum_{i=1}^{N} k_i \qquad (5 - 6)$$

式中，$\langle k \rangle$ 代表网络的平均度，N 代表节点的个数。

在复杂生态网络中，节点的度在统计学上服从一定的分布函数，生态节点的度分布 $p(k)$ 代表在一个生态网络中，度的数值

为 k 的生态节点的占比，度分布函数 P (k) 是节点度为 k 的节点被抽到的概率（Liu C. 等，2012）。一般地，可以用一个直方图描述网络的度分布（Degree distribution）性质（Meng X. 等，2014：221 – 229）。对于规则的网格来说，网络中所有节点都相同，所有节点的度分布聚集在一个位置，是一种典型的 Delta 分布（Qier A.，2014：369 – 372），网络中度分布趋于随机化，度分布图中的峰值会变宽。完全随机网络（Completely stochastic network）的度分布是一个近似 Poisson 的分布，它的形状在远离峰值 $\langle k \rangle$ 处呈指数下降。当 $k \gg \langle k \rangle$ 时，在复杂网络中不存在度是 k 的节点，为非均匀网络。

（b）平均路径长度

在对网络中任意两个节点最短路径上边数求和后，对其取平均值，得到复杂生态网络的平均路径长度（Jiang – Bo Z. 等，2008），计算公式如下：

$$L = \frac{1}{C_N^2} \sum_{1 \leqslant i \leqslant j \leqslant N} d_{ij} \qquad (5-7)$$

在复杂网络理论中，用时间量级 $O(MN)$ 的广度优先搜索的算法来确定一个含有 N 个节点和 m 条边的网络（Shao W. 等，2016）。

（c）聚类系数

在层次生态网络中，与统一生态节点相连的两个节点互不相连，但两节点之间存在一定的关系，这种属性称为网络的聚类特性（Lymperopoulos I. 等，2013）。聚类系数 C_i 被定义为，节点 v_i 的 k_i 个邻居节点之间实际存在的边数 E_i 和总的可能边数 $C_{k_i}^2$ 之间的比值（Lera I. 等，2017），其计算公式为：

$$C_i = \frac{E_i}{C_{k_i}^2} \qquad (5-8)$$

其中，E_i 代表生态节点与其邻居节点之间相连的实际生态廊道的数量，$C_{k_i}^2$ 代表生态节点与邻居节点相连的总的可能边数。

平均聚类系数 C 为所有的生态节点聚类系数的平均值，公式为：

$$C = \frac{1}{N} \sum_{i=1}^{N} C_i \qquad (5-9)$$

复杂生态网络的平均聚类系数为 $0 \sim 1$，$C = 0$ 表明所有节点没有任何边连接；$C = 1$ 表明网络中任意两节点均直接相连；C 值越大，表明生态网络中的节点联系越紧密，聚类系数越大的网络小世界特性越强，反之越弱。

（2）生态网络的关联性

（a）基于 Pearson 相关系数的度 – 度相关性

实际生态网络的度与度之间不是完全没有关系的，度与度之间存在相关性，网络中度大的节点连接的概率高，表明该生态网络是度 – 度正相关生态网络，即为同配生态网络（Wenli F. 等，2016），反之为异配生态网络。一个生态网络的度的 Pearson 相关系数 r 的计算公式为：

$$r = \frac{M^{-1} \sum_{e_{ij} \in E} k_i k_j - \left[M^{-1} \sum_{e_{ij} \in E} \frac{1}{2}(k_i + k_j) \right]^2}{M^{-1} \sum_{e_{ij} \in E} \frac{1}{2}(k_i^2 + k_j^2) - \left[M^{-1} \sum_{e_{ij} \in E} \frac{1}{2}(k_i + k_j) \right]^2} \qquad (5-10)$$

其中，k_i、k_j 分别代表连接生态廊道 e_{ij} 的两个生态节点 v_i 和 v_j 的度；M 为网络中生态廊道的总数；E 为所有生态廊道的集合（Jian Y. 等，2017）。

由生态网络度的 Pearson 相关系数 r 的计算公式可知，度 –

度相关系数的取值范围为 $0 \leqslant |r| \leqslant 1$。当 $r < 0$ 时，生态网络是负相关的，即异配的；当 $r > 0$ 时，生态网络是正相关的，即同配的；当 $r = 0$ 时，生态网络是不相关的。

（b）聚类系数分布以及聚 - 度相关性

在计算层次网络中每一节点聚类系数的基础上，引出聚类系数分布函数 $P(C)$。它代表了在复杂网络中任意选择一个节点，其聚类系数值为 C 的概率。与网络的度 - 度相关性概念相似，一个生态网络的聚类系数和度之间也存在一定的内在联系，即聚 - 度相关性（金弟等，2012；Yi Y.，2009）。聚 - 度相关性计算中主要是局部聚类系数 $C(k)$ 与 k 之间的关系。许多实际的复杂网络中，如科研系统合作网络中，$C(k)$ 与 k 之间的关系呈现一定的倒数分布特点，这种倒数的特征表明度值较低的节点反而具有较高的聚类系数，这种具有倒数特点的聚 - 度相关性在复杂网络的研究中就表现为层次性（Ma C. 等，2011）。

（3）生态网络的节点介数

介数是一个重要的全局几何量，分为节点介数和边介数两种，可以反映节点和边在整个网络中的影响力（吕琳媛等，2010；He F. G. 等，2010）。由于本研究的研究区位于半干旱区，生态网络中的生态廊道都是极重要的，都要进行绝对的保护建设，此外生态网络拓扑结构中的边和现实中的生态廊道不同，网络拓扑结构中的边更多的是反映节点之间的连接关系，故本研究重点是通过生态网络中的节点介数，对包头市节点的重要性进行分析。

生态网络的节点介数是生态网络中任意两个生态节点之间的最短生态廊道路径所通过的生态节点的数量，生态节点介数可以用来反映生态网络中生态节点的重要性。生态节点的介数 B_i 计算公式为：

$$B_i = \sum\nolimits_{\substack{i\neq j\neq s \\ j\neq i}} [n_{jl}(i) / n_{jl}] \qquad (5-11)$$

其中，n_{jl} 为生态节点 v_j 和 v_i 之间的最短生态廊道的数量；$n_{jl}(i)$ 为生态节点 v_j 和 v_i 之间的最短生态廊道路径经过生态节点 v_i 的数量；n 为生态网络中生态节点的总数。

（4）生态网络的连通性

（a）生态网络核数

生态网络的核数是指不断地去掉度小于 k 的生态节点和其相互连接的生态廊道，最终剩余的联通子图中生态节点的数目（谭劲松等，2009；Zhao D. 等，2009）。如果一个生态节点属于 $k-$ 核，但是不属于 $(k+1)-$ 核，这个生态节点的核数就是 k，该生态网络的核数同样为 k（林振智等，2009；Lisong W.，2018）。通过 $k-$ 核统计分析，研究发现复杂网络逐渐趋于核心的区域，越位于中心的核，连通性越强（李季等，2005；Jin X. 等，2014；Wang J.，2017）。

（b）节点的连通度

网络节点的连通度主要反映了生态网络的连通程度（刘大有等，2013；Yuanze S.，2017）。连通复杂网络 G 的连通度 $k(G)$ 的定义为：

$$k(G) = \min_{S\subseteq V} \{ |S|, \omega(G-S) \geq 2 \text{ 或 } G-S \text{ 为平凡图} \} \qquad (5-12)$$

其中，V 为生态网络 G 的生态节点组合；S 为 V 的真子集（王龙等，2007）；$\omega(G-S)$ 为从生态网络 G 中删除生态节点集 S 后得到的子图的联通分支数。生态节点联通度就是指使 G 不联通或者称为平凡图（只有一个生态节点没有边的生态网络）所必须删除掉的最少生态节点数量（王柏等，2007；史进等，2008；Huang J. 等，2013）。对于不联通生态网络，定义 $k(G) = 0$；若 G 为 N 个生态节点的完全生态网络，则有 $k(G) = N - 1$（郑金连等，2005；Wu B. 等，2010）。

四　分层生态网络鲁棒

生态网络可以维持半干旱区生态环境的安全，完整的网络结构可以保证层级生态网络正常发挥它的作用（骆志刚等，2011；刘建香等，2009；Nazempour R. 等，2018）。生态网络的结构鲁棒性是用来分析层级生态网络在遭受到外界的干扰破坏时，维持自身正常结构和功能的不被干扰的能力，即潜在生态网络的抵抗能力，与之对应的就是层级生态网络的恢复能力（李兵等，2006）。在其空间结构遭到破坏后，潜在生态网络能够恢复的能力是恢复鲁棒性（罗钢等，2013）。结构鲁棒性的公式为：

$$R = \frac{c}{(N - N_r)} \qquad (5 - 13)$$

其中，N 代表初始潜在生态网络的生态节点数量；N_r 代表从生态网络中去除节点的数量；c 代表当节点被去除后层级生态网络子网络中生态节点数量最多的子网络的数量。针对生态节点和生态廊道，恢复鲁棒性的计算公式分别为：

$$D = 1 - \left[\frac{(N_r - N_d)}{N} \right] \qquad (5 - 14)$$

$$E = 1 - \left[\frac{(M_r - M_e)}{M} \right] \qquad (5 - 15)$$

式中，D 代表节点恢复鲁棒性指标；E 代表边恢复鲁棒性指标；N_d 代表通过某种策略恢复的节点个数；M 代表初始网络中边的数量；M_r 代表从网络中去除的边的个数；M_e 代表通过某种策略恢复的边的数量（方锦清等，2005）。

评价生态网络的抗干扰能力，构建层级生态网络的表示节点关系邻接矩阵，制作无向无权层级生态网络拓扑图，在随机攻击和恶意攻击（王龙等，2008；王林等，2005；杨建梅等，2010）两种情形下完成对生态网络抗干扰能力的模拟。随机攻击是指从网络中随机去掉若干个节点，恶意攻击是指从层级生态网络中去除度最大的 N_r 个节点及其相应的边（梅生伟等，2011）。

第二节

研究结果

一 层级生态源地提取

提取全域内所有草地、灌木林地，有林地共37765块，湖泊、河流等水体景观共1893块，计算生态斑块的能量因子 Q_j，选取能量因子值大于 1 的生态斑块共 784 个。统计 784 个生态斑块的能量因子值，生态斑块的能量因子值较高的斑块较少，低能量因子值的斑块占据多数，能量因子值最高为 50，能量因子值介于 30 ~ 50 的有 7 个，大多数生态斑块的能量因子值落在 0.01 ~ 10 之间（见图 5 - 1）。

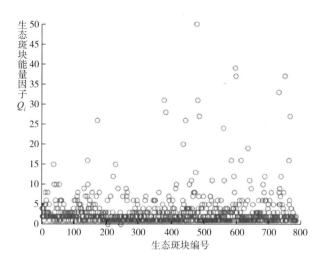

图 5 - 1　生态斑块能量因子值统计

　　将生态斑块以 0.01、0.04、0.15 来筛选作为一、二、三层生态源地。根据各生态源地斑块的能量因子，对源地进行等级划分，共分为 3 个等级，第一层生态源地能量因子值较高，生态服务价值大，共有 8 个，主要分布在腾格淖尔自然保护区、巴音杭盖自然保护区、红花敖包自然保护区、春坤山自然保护区、九峰山自然保护区、石门风景区、梅力更自然保护区、南海子湿地自然保护区附近。第二层生态源地在北部聚集分布，主要分布在查干淖尔苏木、查干哈达苏木、大苏吉乡、忽鸡沟乡等。第三层生态源地面积较小，集中分布在东部和南部，主要分布在新建乡、下湿壕乡、塔尔浑河等。第一级生态源地随机分布，面积稍小的第二级生态源地在大尺度上集中分布于包头市北部，第三级生态源地在大尺度上均匀分布在中部和南部，在小尺度上聚集分布（见图 5 - 2）。

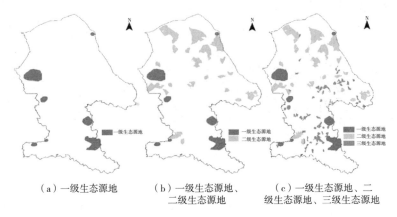

（a）一级生态源地　　　（b）一级生态源地、　　　（c）一级生态源地、二
　　　　　　　　　　　　　　二级生态源地　　　　　　级生态源地、三级生态源地

图 5 - 2　第一、二、三级生态源地

二　层级生态廊道与生态节点的提取与分析

（一）阻力面构建

包头市由中部山岳地带、山北高原草地和山南平原三部分组成，呈中间高，南北低，西高东低，南部较为平坦，DEM 最低值为 872。包头市中部有阴山山脉的大青山、乌拉山，DEM 最高值为 2313（见图 5 - 3）。

包头市 2016 年夏季的 NDVI 值和 MNDWI 值如图 5 - 4 所示，NDVI 的最小值是 - 1，最大值是 1，南部耕地区域和中部阴山林地景观的 NDVI 值较大。研究区 MNDWI 的最小值是 - 1，最大值是 1，水体呈现高亮，比较明显的是在研究区南部的黄河、中部的艾不盖河和塔尔浑河、北部的腾格淖尔湖和开令河等。

包头市南部和中部阴山的北侧农田密集，建设用地主要分布在包头市城区附近，农田与建设用地受包头市景观生态网络空间扩张的刚性限制。全境内草地景观为主要景观类型，林地景观

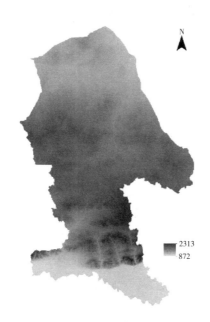

图 5 - 3　包头市 DEM

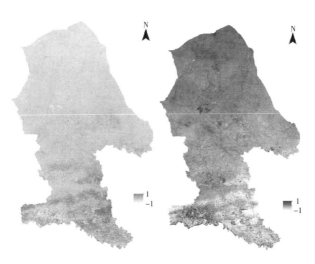

图 5 - 4　包头市 NDVI（a）、MNDWI（b）

主要分布在阴山山脉，水体景观主要分布在南部黄河及北部的腾格淖尔保护区附近和艾不盖河、哈德门沟、昆都仑河等（见图5-5）。

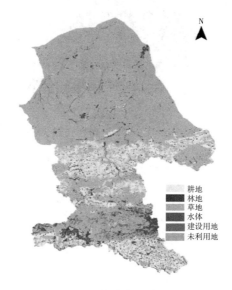

图5-5　包头市土地利用

考虑以上四个方面阻力因子，进行三层生态阻力面模拟，并叠加生成最小累积生态阻力面（见图5-6），三层生态源地内部的阻力为0。第一层生态源地的最小累积阻力值最小为0，最大为2408730。第二层生态源地的最小累积阻力值最小为0，最大为772871。第三层生态源地的最小累积阻力值最小为0，最大为719061。由累积阻力面可以看出，城区及耕地区外围阻力值均较大，形成明显的累积阻力"山脊线"。第一层生态源地数量较少，源地间距离较远，导致其累计生态阻力较高。由于第二层和第三层生态源地中生态斑块数量增加，相邻源地间的距离变短，累积阻力值明显降低。

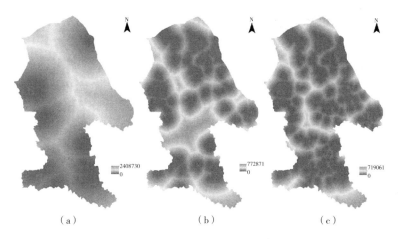

图 5 - 6　第一（a）、二（b）、三（c）层最小累积阻力面

（二）层级生态廊道提取

基于三层生态源地及其最小累积阻力面，利用 ArcGIS 中的 cost - path 模块，在研究区域内第一层共提取出 8 条潜在生态廊道［见图 5 - 7（a）］。最短的潜在生态廊道为 1km，最长的潜在生态廊道为 340km。第一层潜在生态廊道主要分布在红泥井乡、卜塔亥乡等附近。中部农田密集，导致中部潜在生态廊道密度较低。第一层潜在生态廊道平均距离较长且较为脆弱，若遭到破坏会导致高

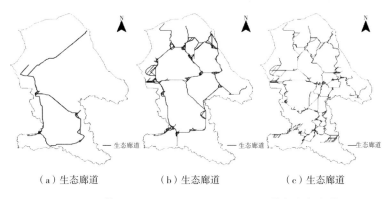

（a）生态廊道　　　　（b）生态廊道　　　　（c）生态廊道

图 5 - 7　第一（a）、二（b）、三（c）层潜在生态廊道

层级生态源地间能量流动与物质交换受阻，严重影响层级生态网络的连通性。

第二层潜在生态廊道共提取出 35 条［见图 5－7（b）］。最短的潜在生态廊道为 1km，最长的潜在生态廊道为 143km。第二层潜在生态廊道主要分布在红泥井乡、卜塔亥乡和查干淖尔苏木附近。由于第二层生态源地增加了生态斑块，潜在廊道数量和密度增加，网络结构更加复杂。

第三层潜在生态廊道共提取出 151 条［见图 5－7（c）］。最短的潜在生态廊道为 1km，最长的潜在生态廊道为 139km。第三层潜在生态廊道主要分布在西斗铺镇、银号乡、五当召镇和塔尔浑河附近。由于第三层中部和南部生态源地数量增加，潜在生态廊道数量增加且廊道密度重心向南移动。第三层生态廊道平均距离较短，在遭到破坏后仅会影响局部生态能量流动与物质交换，重要性低于第一层与第二层生态廊道。所提取的三层生态廊道在空间上构成多层次网络构架，在实际生态建设中应加强层次廊道附近的生态建设，在空间大尺度与局部小尺度上保证不同层级生态源地的能量流动与物质交换，从而维护区域生态稳定。

（三）层级生态节点提取

层级生态廊道与对应最小累积阻力面"山脊线"交点的位置被确定为生态节点，是层级生态网络中最薄弱且至关重要的点。第一层生态网络节点共有 7 个［见图 5－8（a）］，主要分布在巴音珠日和苏木、白灵淖尔乡、西斗铺镇等附近。第一层生态网络节点重要性最高，若遭到破坏，会导致空间大尺度上重要生态源地间能量传递受阻，景观连接性变差，极易引发层级网络的级联失效。第二层生态网络廊道数量显著增加，生态节点数量增加至

28 个［见图 5-8（b）］，节点重心向北移动主要分布在查干哈达苏木、希拉穆仁镇和石宝镇附近。第三层生态网络共有 47 个生态节点［见图 5-8（c）］，在东部分布较为集中。第三层生态网络节点若少量被破坏，会影响局部层级生态网络的连通性，对层级网络整体影响不大。在实际生态建设中，针对不同层级生态网络节点重要性不同进行不同规模的生态建设，在保证区域生态稳定的前提下，实现资源的最有效利用（见图 5-8）。

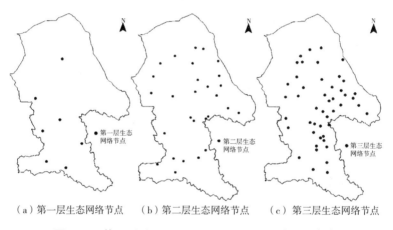

（a）第一层生态网络节点　　（b）第二层生态网络节点　　（c）第三层生态网络节点

图 5-8　第一（a）、二（b）、三（c）层生态网络节点

三　层级生态网络构建

最终得到研究区域的层级生态网络如图 5-9 所示，第一层生态网络由 8 个潜在生态源地、8 条潜在生态廊道和 7 个生态网络节点构成。第二层生态网络由 31 个潜在生态源地、35 条潜在生态廊道和 28 个生态网络节点组成。第三层生态网络由 123 个潜在生态源地、151 条潜在生态廊道和 47 个生态网络节点组成。通过对包头市全域内生态网络进行分层研究，构建一、二、三层生态网络，有利于保障包头市生态环境安全。在市域尺度上构成了点－线－面相互交织的层次空间生态网络（见图 5－9）。

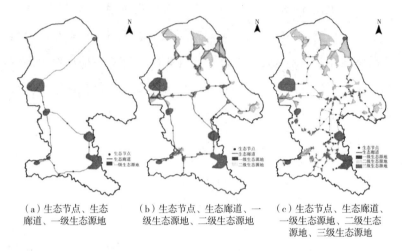

（a）生态节点、生态廊道、一级生态源地

（b）生态节点、生态廊道、一级生态源地、二级生态源地

（c）生态节点、生态廊道、一级生态源地、二级生态源地、三级生态源地

图 5－9　第一（a）、二（b）、三（c）层潜在生态网络

四　层级生态网络结构分析

基于对生态网络结构的分析，可以得到第一、二、三层生态网络的 α 指数分别为 0.09、0.01、0.12，表明随着第一、二、三层生态网络中生态源地数量增加，网络中潜在生态廊道数量增加，网络中可供物质流动的回路越来越多。第一、二、三层生态网络的 β 指数分别为 1、1.13、1.23，第一层生态网路为单一回路，网络结构简单。第二层与第三层网络随着生态廊道数量增加，生态源地的平均连通度变好。第一、二、三层生态网络的 γ 指数分别为 0.44、0.40、0.42，第二层和第三层网络中连通性高的源地比例较少，导致第二层和第三层生态网络 β 指数小于第一层生态网络。

五 层级生态网络拓扑结构分析

（一）第一层生态网络拓扑结构分析

本研究所提取的第一层生态网络共有 15 个生态节点，网络的平均度为 2，第一层生态网络的度分布如图 5 - 10 所示。度最大值为 3，最小值为 1，度为 1 和 3 的节点分别有 2 个，度为 2 的生态节点数量最多，共有 11 个（见图 5 - 10）。

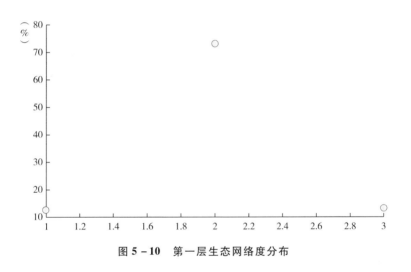

图 5 - 10 第一层生态网络度分布

在包头市第一层潜在生态网络中，生态节点与生态节点之间是有相关性的，同样地，度与度之间也存在一定的相关性。计算得到第一层潜在生态网络的度 - 度相关性为 - 0. 3393，表明该生态网络是负相关的，即异配网络。在第一层生态网络中度大的节点倾向于与度小的节点相连。

通过计算该网络生态节点介数并绘制散点图（见图 5 - 11），有两个生态节点的介数为 0，编号为 1 和 6。介数最高为 101，编号为 3，分布在红花敖包保护区附近。介数小于 100 的节点共有 12 个，编号 10、11、12 的生态节点并非生态源地且生态能量较低，但在网络中具有较高的介数（见图 5 - 11）。

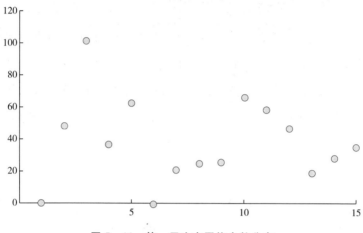

图 5 - 11　第一层生态网络介数分布

计算得到第一层生态网络各节点核数均为 2，得到该网络的核数为 2。对该网络的节点连通性进行计算，得到该网络所有节点的连通性均为 14，表明该网络的节点连通性较低，网络结构简单，稳定性较差。

（二）第二层生态网络拓扑结构分析

第二层潜在生态网络共有 60 个生态节点，网络的平均度为 2.1667，网络的节点度分布情况如图 5 - 12 所示。该生态网络中不存在度为 0 的节点，表明该网络完全连通。生态节点的度最大值为 4，最小值为 1，数量最多的生态节点度为 2，共有 40 个（见图 5 - 12）。

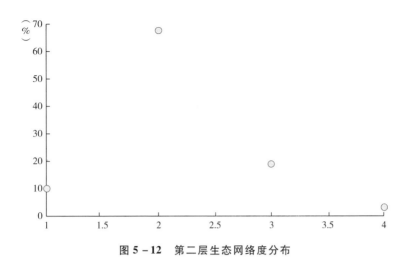

图 5 - 12　第二层生态网络度分布

包头市第二层生态网络的度 - 度相关性为 - 0.180，较第一层生态网络的度 - 度相关性，该网络的负相关性降低，异配特性减弱，第二层生态网络节点分布较第一层潜在生态网络更加均匀。

计算第二层生态网络节点介数并绘制散点图（见图 5 - 13），有 7 个生态节点的介数为 0，介数小于 1000 的节点共有 45 个，介数大于 1000 的节点共有 8 个，其中编号为 14、17、18、19、27、28 的为生态源地节点，节点的度较高，在网络中起到能量循环与物质交换枢纽的作用。编号 40 和 54 的生态网络节点大于1000 并且两端连接均为介数大于 1000 的层级生态源地节点，是在第二层生态网络中最脆弱且十分重要的生态节点，分布在下湿壕乡和都荣敖包苏木附近。

计算得到第一层生态网络各节点核数均为 2，得到该网络的核数为 2。对该网络的节点连通性进行计算，得到该网络所有节点的连通性均为 59。由于在第二层网络中生态节点数量增加，因此生态网络节点连接性变好，整个网络的连通性变好。

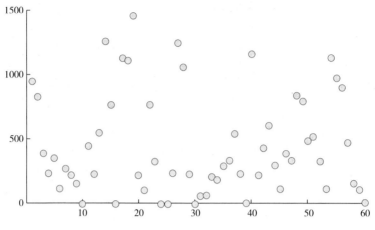

图 5 - 13   第二层生态网络介数分布

(三) 第三层生态网络拓扑结构分析

第三层生态网络共有 180 个节点，网络的平均度为 2.5495，第三层生态网络的度分布如图 5 - 14 所示。度最大值为 12，生态节点编号为 120，分布在九峰山自然保护区附近。度为 2 的生态节点数量最多，共有 98 个。度为 1 的生态节点有 17 个，第三层潜在生态网络的整体散点分布既不是典型的幂律分布，也不是 Poisson 分布，但是幂律分布特征更为明显，Poisson 分布特征不明显，表明该潜在生态网络无标度性特征要强于均匀性特征。

第三层潜在生态网络的聚类系数为 0.1111，该网络的小世界特性不明显。该潜在生态网络节点的聚类系数分布如图 5 - 15 所示，聚类系数为 0 的节点有 142 个，占该网络节点总数的 78%，这些节点与其他节点不具有集群的特点。有 10 个节点的聚类系数为 1，这些节点有明显的集群特征。表明第三层潜在生态网络有明显的非均匀性，生态网络结构不稳定性较强。

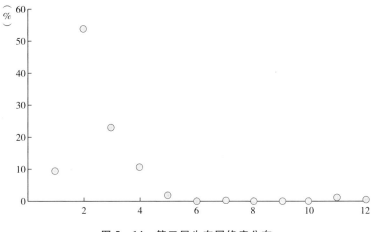

图 5 - 14　第三层生态网络度分布

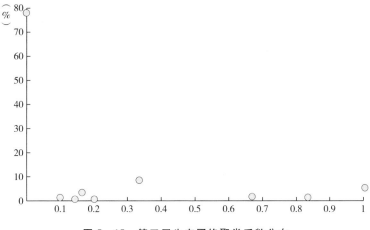

图 5 - 15　第三层生态网络聚类系数分布

　　所提取的第三层潜在生态网络的度 - 度相关性为 0.1624，该生态网络是正相关的，即同配网络。表明网络中度大的节点趋向于和度大的节点相连。第三层生态网络的聚 - 度相关性散点和双对数分布如图 5 - 16 所示。

　　计算第三层生态网络节点介数并绘制散点图（见图 5 - 17），有 28 个生态节点的介数为 0，介数小于 8000 的节点共有 159 个，

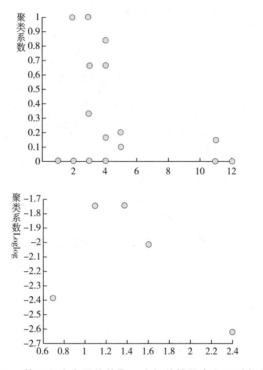

图 5-16　第三层生态网络的聚-度相关性散点和双对数分布

介数大于 8000 的共有 5 个，编号为 62、70、79、110 的节点距离较近，位于塔尔浑河附近，形成了一个较大的生态节点组团。生态节点 136 位于石宝镇附近，非生态源地节点，由于两端连接介数较大的生态源地节点，是第三层生态网络中薄弱且十分重要的生态节点。

所提取的第三层生态网络中核数为 2 的生态节点最多，高达176 个。核数为 4 的生态节点有 5 个，核数最高值为 12，共有 2个节点。对该网络的节点连通性进行计算，得到该网络所有节点的连通性均为 180。相比第一层和第二层生态网络，第三层生态网络节点连接性变好，整个网络的连通性变好。

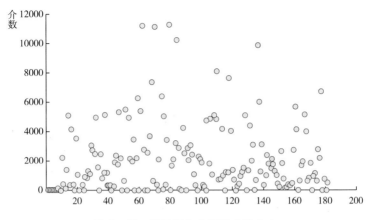

图 5 - 17　第三层生态网络介数分布

六　层级生态网络鲁棒性分析

对于第一层生态网络（见图 5 - 18），其初始的连接鲁棒性为 1，在随机攻击下，对 2 个节点进行随机打击，网络的连接鲁棒性仍然为 1，随着节点打击规模的增加，连接能力下降迅速，在除去第 9 个生态节点后，网络的连接鲁棒性低于 0.1。

在恶意攻击下随着节点打击规模增加，连接鲁棒性下降迅速，在除去第 8 个节点后连接鲁棒性低于 0.1，生态网络的连接能力极差，可见恶意攻击对于第一层生态网络的连通能力破坏十分明显。在恶意攻击和随机攻击下，当去除 2 个节点后网络的恢复鲁棒性仍然为 1。

随着破坏节点的数目增加，在两种攻击模式下的节点恢复鲁棒性均呈下降趋势，当攻击除去超过 15 个节点时，在恶意攻击和随机攻击下丢失的节点得不到恢复。在恶意攻击和随机攻击两种模式下，当除去的边数大于 6 时，在随机攻击下的边恢复鲁棒性优于恶意攻击。在恶意攻击下，当除去 6 条边时网络的连接鲁棒性为 1。

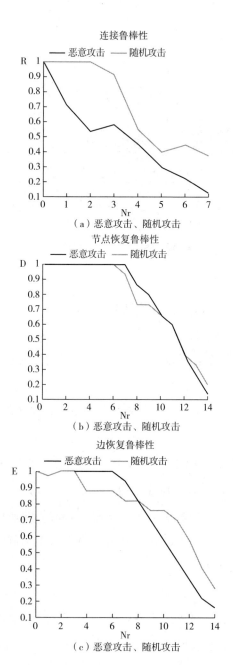

图 5 - 18　第一层生态网络连接鲁棒性（a）、节点恢复鲁棒性（b）、边恢复鲁棒性（c）

在恶意攻击模式下，除去的边数越来越多，边恢复鲁棒性迅速下降，对网络结构的破坏性十分显著。

对于第二层生态网络（见图5－19），其初始连接鲁棒性为1，在随意攻击下，对2个节点进行随机打击，网络的连接鲁棒性是1，随着节点打击规模扩大，在除去2~25个节点时网络连接能力迅速下降。在恶意打击下，在除去第2个重要节点后网络连接鲁棒性下降显著，当除去第15个节点时，网络的连接鲁棒性低于0.1，生态网络的连接能力极差。在恶意打击和随机打击下，当除去的节点为17个时网络是完全可以恢复的。在除去17~60个节点时，在恶意攻击和随机攻击时网络的节点恢复鲁棒性呈下降趋势，当除去55个节点后，在恶意攻击和随机攻击下丢

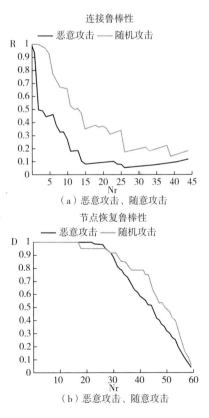

（a）恶意攻击、随意攻击

（b）恶意攻击、随意攻击

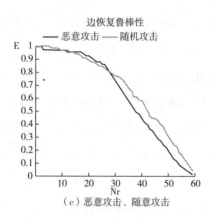

（c）恶意攻击、随意攻击

**图 5 - 19　第二层生态网络连接鲁棒性（a）、节点恢复鲁棒性（b）、
边恢复鲁棒性（c）**

失的节点得不到恢复，在除去 5 条边时网络是完全可以恢复的。随着破坏边的数目增加，在随机攻击下的边恢复鲁棒性均呈下降趋势，当攻击除去超过 57 条边时，在随机攻击下丢失的边得不到恢复。在恶意攻击下，当除去的边超过 28 条时，在恶意攻击下边恢复鲁棒性下降更迅速。

对于第三层生态网络（见图 5 - 20），其初始的连接鲁棒性为1，在随机攻击和恶意攻击两种模式下，随着破坏节点增加，网络的连接能力下降。在恶意攻击模式下，除去第 10 个节点和随机攻击除去第 20 个节点时，网络的连接鲁棒性出现一定的"涌现"现象。在恶意攻击除去第 62 个节点和随机攻击除去第 80 个节点时，网络的连接鲁棒性低于 0.1，网络的连接性极差。在恶意攻击和随机攻击下，当除去 20 个节点时，网络的恢复鲁棒性仍然为 1。随着节点减少的数量增加，在两种打击模式下的节点恢复鲁棒性均呈下降趋势，当攻击除去超过 170 个节点时，在恶意攻击和随机攻击下丢失的节点得不到恢复。在恶意攻击和随机攻击下，边恢复鲁棒性降低。在随机攻击模式下，边恢复鲁棒性

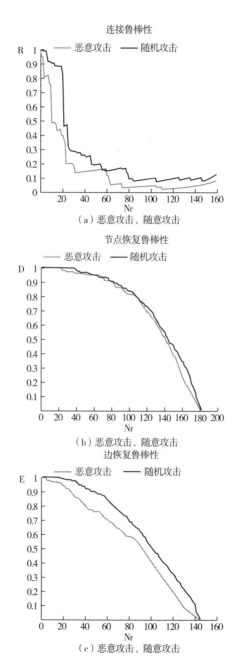

图 5 – 20　第三层生态网络连接鲁棒性（a）、节点恢复鲁棒性（b）、
边恢复鲁棒性（c）

曲线呈现凸形曲线，边恢复鲁棒性降低速率越来越快。

第三节

本章小结

选取所有景观生态网络空间中能量因子值大于1的生态斑块共784个，并以0.01、0.04、0.15的比例来筛选作为第一、二、三层生态源地。建立生态阻力的评价体系。构建各层生态源地的累积阻力面，并提取层次生态廊道与生态节点。在市域尺度上构成了点-线-面相互交织的层级生态网络。通过计算 α、β、γ 指数对层级生态网络结构进行评价，随着生态源地与生态廊道数量增加，网络中可供物质流动的回路增多，生态源地的平均连通度变好。第二层和第三层网络中连通性高的源地比例较少。基于复杂网络中的拓扑结构分析指标，对所提取的第一、二、三层生态网络的拓扑性质进行分析。得到第一层网络平均度为2，度-度相关性为-0.3393，该层网络核数为2。第二层生态网络平均度为2.1667，度-度相关性为-0.180，该网络的核数为2，连通性均为59。第三层生态网络平均度为2.5495，该层网络聚类系数为0.1111，度-度相关性为0.1624，该层网络核数为4，网络连通性为180。第一层网络连通度最低，结构简单但重要性最高，影响整个区域内层级生态网络稳定。第三层生态网络连通性最高，结构复杂，可在小尺度上维护生境稳定。对层级生态网络进行结构鲁棒性分析。第一、二、三层生态网络的初始连接鲁棒性均为1，分别在除去26%、5%、10%的生态节点时，连接鲁棒性明显下降。节点恢复鲁棒性分别在除去 42%、28%、10% 的生态节点时，网络是完全可以恢复的。边恢复鲁棒性分别在除去 42%、28%、10% 的生态节点时，网络是完全可以恢复的。在第二、三层生态网络中，低等级源地比例较高。高层级源地节点稳定性较高，可维持区域大尺度生态网络稳定；低层级源地对于增强网络抗打击能力与恢复能力效果不明显。

第六章

景观生态网络空间格局
模拟预测分析

景观生态网络用地指具有重要生态服务功能或具有较高生态敏感性与脆弱性的土地单元（刘枝军等，2018：1~9）。景观生态网络作为自然生态系统服务的基本载体，是解决城市建设用地扩张与生态保护矛盾的综合途径（王鹏等，2018：69~74）。在我国西北干旱地区，景观生态网络在防止土地沙漠化、水土保持等方面的生态功能更加突出，对于维持区域生态系统健康稳定具有至关重要的作用（Yu et al.，2018：304-318）。景观生态网络的演变模拟是土地利用演变模拟的一部分，当前土地利用格局的演变模拟主要包括两种类型，一种是宏观回顾模型，另一种是微观预测模型（于强等，2016：285~293）。将两种类型模型结合，得到混合模型，既考虑全局宏观效应，又考虑多个因子对土地利用的微观作用机制，相比单一模型具有较大优势（龚健等，2016：4545~4550）。本研究将宏观回顾模型与元胞自动机结合，基于源汇理论，利用最小累积耗费阻力模型（MCR），在量化景观生态网络格局演化的过程中，从"生态源地"到其他土地利用类型的适宜性（刘孝国等，2012：226~229；何丹等，2014：1095~1105），同时利用人工神经网络（ANN）提取 CA 邻域转换规则，构建 MCR-ANN-CA 模型对包头市景观生态网络格局的演变过程进行模拟，为区域景观生态网络空间规划及生态建设提供理论与方法支持（孙旭丹等，2018：22~26；Wickramasuriya et al.，2009：2302~2309；刘敬杰等，2018：242~252）。

第一节

研究方法

一 最小累积耗费阻力模型 (MCR)

最小累积耗费阻力模型（MCR）由 Kanppen 提出，最早应用于物种迁徙过程研究，之后在物种保护、景观格局分析等方面取得了广泛应用（宋磊等，2018：17～33；胡碧松等，2018：1207～1219）。最小累积耗费阻力模型主要考虑三个因素，即"源"、阻力及累积代价，通过对这三个因素的分析（张洁等，2018：148～152；陈晓敏等，2011：46～52），对"源"克服阻力向外传播所耗费的代价或者所做的功进行刻画（于佳生等，2015；王鑫，2015）。MCR 模型的一般形式为：

$$MCR = f_{min} \sum_{j=n}^{i=m} D_{ij} \times R_i \qquad (6-1)$$

式中：MCR 为最小累积阻力值；f 为未知负函数，表示最小累积阻力与生态适宜性的负相关关系；D_{ij} 为从源 j 到景观单元 i 的空间距离；R_i 为景观单元 i 处的阻力值。

本书将景观生态网络空间格局的演化过程看作景观生态网络空间对其他景观的竞争性控制过程（张敏，2011），且这种演化必须克服阻力实现，这样景观生态网络空间的演化过程就可以抽象为从源（现有景观生态网络空间斑块）到汇（其他景观单元）

克服阻力做功的水平过程（魏伟，2018）。由于区域下垫面存在差异，不同空间位置的土地演化为景观生态网络空间的阻力大小是不同的，由"源"到当前像元的累积阻力大小可量化为当前像元演化为景观生态网络空间的概率，即阻力值越大，该像元演化为景观生态网络空间的概率越小，演化为其他用地类型的概率越大。本书利用 MCR 模型，综合考虑土地利用、NDVI、坡度、政府规划工业园区、人口密度、水体距离、高程因子构建累积耗费阻力面，利用该累积耗费阻力面构建 CA 模型的适宜性规则，对上述过程进行模拟，提高模型预测精度。

二　元胞自动机模型（CA）

元胞自动机模型（CA）是一种时间、空间、状态都离散的动力学模型，具有明显的时间与空间特征，CA 模型的一般形式为：

$$S_i^{t+1} = f(S_i^t, S_N^t) \qquad (6-2)$$

式中：S_i^{t+1} 为元胞 i 在 $t+1$ 时刻的状态；S_i^t 为元胞 i 在 t 时刻的状态；S_N^t 为元胞 N 的邻域集合在 t 时刻的状态；f 为转换规则。

在 CA 模型中，中心元胞在下一时刻的状态是其在当前时刻状态及其邻域状态的函数，准确地定义该函数，对于 CA 的模拟精度具有重要影响（卢德彬等，2016：322～326）。由于景观生态网络空间的演化过程是一种非线性的复杂动力学过程，当前元胞及其邻域状态具体怎样影响中心元胞的转换过程很难用简单的规则定义，因此本书采用人工神经网络模型提取 CA 转换规则，对土地利用模拟过程中的现有规则进行改进（叶玉瑶等，2014：

485～496），以提高 CA 模型的模拟精度。

本研究中，元胞形状为正方形的栅格像元，大小为 30m ×
30m，采用 3 × 3 经典摩尔邻域定义邻域空间，模型初始栅格
数据中的元胞状态定义为研究区景观格局类型，依次为耕地、
林地、草地、建设用地、水体、其他用地，根据中心元胞及
邻域元胞状态，利用 ANN 模型提取元胞转换规则，利用该规
则判断元胞演化为景观生态网络空间的概率（孙玮健等，
2017：254～261）。

三 人工神经网络模型（ANN）

人工神经网络模型（ANN）是计算机领域一大研究热点。
ANN 在复杂的非线性系统的模拟方面具有明显优势，其自组织、
自学习、联想以及记忆的优势能够有效简化 CA 模型，从原始训
练数据中提取 CA 转换规则，避免主观因素影响，提高模拟精度
（于明明等，2018：48～56）。

由于 ANN 在解决此类非线性问题中的明显优势，国内外学
者很早就开始了相关研究，尝试利用 ANN 提取 CA 模型的转换
规则（张启斌等，2017：261～269）。此类研究往往把邻域规
则和适宜性规则统一放入 ANN 进行规则提取，然而在模拟景观
生态网络空间演化的 CA 模型中，相比适宜性规则，邻域规则
部分更难定义也更难被人类理解，因此本书利用 ANN 提取 CA
邻域部分转换规则，适宜性规则采用 MCR 模型构建（Soares -
Filho et al.，2002：217－235）。

本书采用经典 BP 神经网络算法，网络结构共 3 层，分别是
输入层、隐含层、输出层。模型的输入层共 7 个节点，隐含层共

5 个节点，采用 tansing 激励函数，输出层共 1 个节点，采用 sig-moid 激励函数（Almeida et al., 2008：943 – 963），其输出为中心元胞转换为景观生态网络空间的概率，值域范围为 0 ~ 1。人工神经网络的输入变量及其取值范围如表 6 – 1 所示。

表 6 – 1　ANN 模型输入变量及其取值范围

变量名称	取值范围
邻域内耕地元胞数	0 ~ 9
邻域内林地元胞数	0 ~ 9
邻域内草地元胞数	0 ~ 9
邻域内水体元胞数	0 ~ 9
邻域内建设用地元胞数	0 ~ 9
邻域内其他用地元胞数	0 ~ 9
中心元胞是否为景观生态网络空间	0 或 1

四　MCR – ANN – CA 模型

本章 CA 模型为基础框架，耦合 MCR 模型与 ANN 模型，构建 MCR – ANN – CA 模型用于包头市景观生态网络空间的演化模拟，技术路线如图 6 – 1 所示。模型模拟的基本步骤可概括为以下几点。

（1）利用 MCR 模型，综合考虑多种土地适宜性因子，构建研究区范围内各像元演化为景观生态网络空间的累积阻力面（曹敏等，2010：24 ~ 27；黎夏等，2005：19 ~ 27）。

（2）利用历史数据的转换情况及邻域特征，构建训练数据，训练 ANN 模型，提取 CA 模型邻域规则。

（3）以当前土地利用为 CA 模型的输入数据，针对任一元胞，利用训练好的 ANN 模型，根据其邻域状态判断其演化为景观生态网络空间的概率 P。

（4）将 P 与累积阻力面中像元最大值相乘，其结果为 S（S 取值范围为 0 到累积阻力面最大值），若 S 大于当前元胞所对应的累积阻力值时，则该元胞演化为景观生态网络空间，否则，该元胞演化为非景观生态网络空间（毛健等，2011：62～65；田静等，2017：26～34；韦春竹等，2014：45～49）。

（5）将模拟结果转化为栅格图像并输出结果。

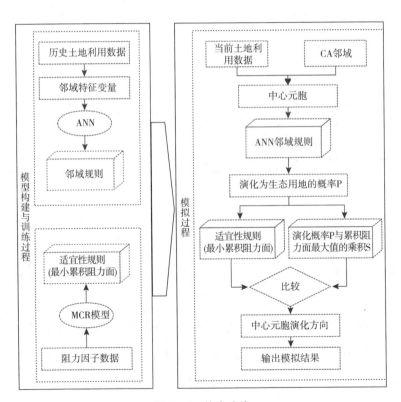

图 6 - 1　技术路线

第二节

研究结果

一 基于 MCR 模型的适宜性规则构建

根据包头市实际情况，从土地利用、NDVI、坡度、规划工业园区、人口密度、距水体距离、DEM 共 7 个方面建立空间位置演化为景观生态网络空间的阻力体系，将各项阻力划分为 5 个等级，通过 ArcGIS 中的重分类工具（Reclassify），得到如图 6 - 2 所示的阻力因子图。

基于包头市 2016 年土地利用数据，提取包头市景观生态网络空间范围 [见图 6 - 2（a）]，由提取结果可知，包头市生态斑块主要分布在北部草原带及大青山一带、黄河沿岸，其他区域也有零星景观生态网络空间分布，大致形成了三屏多点的格局。包头市大青山附近 NDVI 值较高 [见图 6 - 2（b）]，北部大片裸土地导致北部 NDVI 值较低。包头市南部为平原区，较为平缓，坡度变化不大。中部大青山附近坡度较大，阻力赋值为 1。北部高原丘陵区的中部坡度起伏较大，阻力赋值为 0 [见图 6 - 2（c）]。政府规划的工业园区无法进行景观生态网络空间建设，对其阻力赋值为 1，其他区域赋值为 0 [见图 6 - 2（d）]。昆都仑区、青山区、东河区均为市区，人口密度较大，景观生态网络空间建设可以改善市区的宜居性，故将阻力赋值为 0，白云鄂博区、达尔罕茂明安联合旗人口密度极低，生态建设阻力较大，故将阻力赋值为 1［见图 6 - 2（e）］。在 ArcGIS 中提取包头市河流水系，将距水源 1km 范围内阻力赋值为 0，距离大于 1km 赋值为 1［见图 6 - 2（f）］。对包头市 DEM 数据在 ArcGIS 中进行重新分类，分为 5 个等级，并对赋值结果归一化处理［见图 6 - 2（g）］。

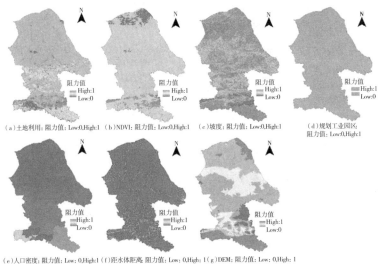

（a）土地利用: 阻力值: Low:0,High:1　（b）NDVI: 阻力值: Low:0,High:1　（c）坡度: 阻力值: Low:0,High:1　（d）规划工业园区: 阻力值: Low:0,High:1

（e）人口密度: 阻力值: Low: 0,High:1　（f）距水体距离: 阻力值: Low: 0,High: 1　（g）DEM: 阻力值: Low: 0,High: 1

图 6 - 2　阻力因子示意

利用 ArcGIS 中叠加分析工具，将上述各因子进行空间叠加，得到包头市各个空间位置演化为景观生态网络空间的阻力值，结果如图 6 - 3（b）所示。基于该阻力面，采用最小累积阻力模型，对源地进行累积耗费阻力计算，量化由近及远的空间范围内，各像元演化为景观生态网络空间面临的阻力，得到如图 6 - 3（c）所示的累积阻力。包头市南北生态阻力较小，中部累积生态阻力较大，尤其是达尔罕茂明安联合旗东南部及西南部，累积生态阻力达到包头市最高水平。

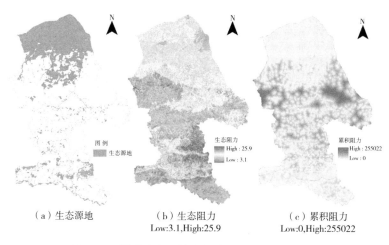

（a）生态源地　　　　（b）生态阻力　　　　　（c）累积阻力
　　　　　　　　　Low:3.1,High:25.9　　　　Low:0,High:255022

图 6-3　景观生态网络空间演化累积阻力面构建

二　基于 ANN 的 CA 邻域规则提取

　　基于研究区 2006 年、2011 年景观格局分布数据，通过 Mat-
lab 随机抽取 3000 个景观像元，统计 2006 年景观格局分布数据
中，以 3000 个像元为中心的 3×3 邻域内的各输入变量大小，形
成 ANN 训练数据库。选择其中 70% 进行模型训练，15% 作为验
证数据集，15% 作为测试数据集。

　　采用量化共轭梯度法对 ANN 进行训练，模型经 57 次迭代
（epoch）后验证误差达到最小，最小均方根误差为 0.12，如图
6-4所示，此时验证数据的决定系数（R^2）为 0.90，模型拟合
精度较好地满足了本研究要求。

三　MCR-ANN-CA 景观生态网络空间模拟

　　将 2011 年景观生态网络空间数据输入训练后的 ANN 模型，

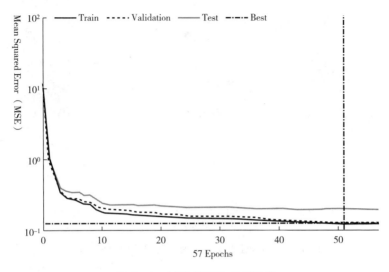

图 6 - 4　ANN 模型均方根误差

判断各像元在邻域规则影响下是否会演变为景观生态网络空间，进而根据 MCR 模型生成的累积耗费阻力面，判断其最终演变方向，将模型模拟结果输出为栅格图像。包头市 2016 年实际景观生态网络空间共 8404.29km^2，MCR - ANN - CA 模型的模拟结果中，包头市景观生态网络空间面积为 8435.39km^2（a）。

四　模型模拟精度对比分析

为验证模型模拟精度，本书利用 CA - Markov 模型对包头市 2016 年景观生态网络空间进行模拟，结果如图 6 - 5（c）所示。以 2016 年景观生态网络空间实际分布为参照，利用 Idrisi Selva 软件中的 Cross Tab 模块对两个模型的模拟结果进行列联表分析，定量分析模型的模拟精度，结果如表 6 - 2 所示。

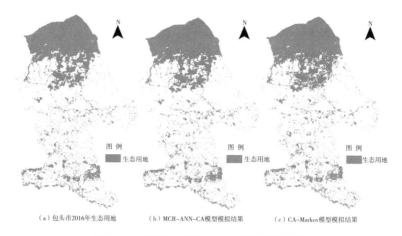

（a）包头市2016年生态用地　　　（b）MCR-ANN-CA模型模拟结果　　　（c）CA-Markov模型模拟结果

图 6 – 5　MCR – ANN – CA 模型模拟结果

表 6 – 2　模型模拟精度评价

模型	误差面积/（km²）	模拟面积/（km²）	相对误差/（%）	KIA 指数
MCR – ANN – CA 模型	260. 69	8670. 01	3. 10	0. 89
CA – Markov 模型	446. 73	8856. 04	5. 31	0. 87

由表 6 – 2 可知，在 MCR – ANN – CA 模型与 CA – Markov 模型模拟结果中，景观生态网络空间的面积均大于实际值，但总体上与 2016 年景观生态网络空间的实际分布保持了较高的接近程度，其中 MCR – ANN – CA 模型的模拟精度略高于 CA – Markov 模型，二者的相对误差分别为 3. 10% 与 5. 31%，KIA 指数分别为 0. 89 和 0. 87。

相比 CA – Markov 模型，MCR – ANN – CA 模型通过 ANN 模型提取了元胞自动机邻域内的转换规则，同时利用 MCR 模型构建累积耗费阻力面对不同空间位置的元胞演化为景观生态网络空间的阻力进行了量化，模拟精度得到进一步提高。

第三节

本章小结

包头市地处我国西北干旱区，生态环境脆弱，景观生态网络空间对于维持区域生态安全具有重要作用。在现有研究基础上，精确模拟景观生态网络空间的演化具有重要意义。本章利用 ANN 模型提取了元胞自动机的邻域规则，同时利用 MCR 模型构建累积耗费阻力面，基于 MCR – ANN – CA 模型对包头市景观生态网络空间演化情况进行模拟，结果精度较高。将 MCR – ANN – CA 模型模拟结果与 CA – Markov 模型进行对比，两种模型模拟结果的 KIA 指数分别为 0.89 和 0.87，相对误差分别为 3.10% 和 5.31%，MCR – ANN – CA 模型对包头市景观生态网络空间的演化过程具有更高的模拟精度。本章在邻域规则提取过程中，仅将不同地类在邻域中的元胞（像元）数、中心元胞景观类型作为 ANN 模型的输入，未考虑邻域中不同地类的空间结构参数（如形状指数）对中心元胞演化方向的影响，后续研究中可基于此对模型继续改进，实现更高的模拟精度。

第七章

林业生态工程对生态系统结构及演变的影响

构建多层级的空间生态网络是维持西部半干旱区生态安全的重要保障。本文先以包头市为研究区，在 GIS 空间技术的支持下，利用 2006 年、2010 年、2016 年遥感数据，用景观生态学原理与复杂网络理论的分析方法，提取了包头市的层级生态网络，对网络空间结构、拓扑结构进行研究，在现有研究基础上利用 ANN 模型提取了元胞自动机的邻域规则，同时利用 MCR 模型构建累积耗费阻力面，基于 MCR－ANN－CA 模型对包头市景观生态网络空间演化情况进行模拟。

　　在对西北半干旱区的生态网络结构及格局演变研究的基础上，本书研究了内蒙古的林业生态工程沙尘防治效应，利用 GIS 和 RS 技术对全区生态系统结构特征和变化进行分析。然后用森林蓄积量、森林覆盖率、植被覆盖度三个指标分析全区的林业资源情况。通过面板数据模型，就生态工程建设对沙尘灾害的驱动效应进行分析，可以反映林业生态工程取得的效果。

第一节

生态系统类型划定

　　本研究选取 2000 年、2005 年、2010 年三个典型年份，研究了内蒙古地区占主要地位的生态系统结构和格局变化（李雪冬等，2014：82～90）。土地系统类型数据用遥感影像处理获得（周金艳，2011：213～216）。分类的依据是以生态系统为主要对象，考虑植被类型特征，设计土地覆盖分类体系，从而能够反映生态系统类型的动态变化情况。生态系统分为以下7类，如表7-1所示。

表7-1　生态系统分类体系

编号	1	2	3	4	5	6	7
名称	农田	森林	草地	水域	聚落	荒漠	其他

第二节

生态系统构成及分布

对研究所获取的内蒙古土地覆被数据进行计算，得到的内蒙古各类生态系统的面积和比例如表7-2所示。从统计和计算结果看出，草地生态系统面积在2000年、2005年和2010年均超过45%，森林和荒漠约占35%，其他四类生态系统面积仅占20%。这说明全区生态系统构成是以草地、森林、荒漠等为主体，农田、聚落等其他类型为辅助（见表7-2）。

表7-2　内蒙古生态系统构成特征

单位：百公顷，%

生态系统	2000年		2005年		2010年	
	面积	比例	面积	比例	面积	比例
农田	113605.02	9.92	113696.24	9.93	114074.75	9.96

生态系统	2000 年		2005 年		2010 年	
	面积	比例	面积	比例	面积	比例
森林	163813.37	14.31	164296.79	14.36	165164.52	14.43
草地	529829.51	46.28	526358.05	45.98	526887.61	46.02
水域	35699.01	3.12	35006.32	3.06	35056.16	3.06
聚落	11164.65	0.98	11538.80	1.01	11657.20	1.02
荒漠	239942.74	20.96	242113.17	21.15	241199.07	21.07
其他	50762.92	4.43	50807.85	4.44	50777.90	4.44

从空间分布来看，全区各类生态系统呈现明显区域差异，由东到西呈现森林生态系统向荒漠生态系统过渡的分布格局。森林生态系统主要分布在内蒙古东北地区，以大兴安岭原始林区及大兴安岭南部山地最为集中。中部是以草原生态系统为主。西部气候干旱，沙漠面积较大。可以看出，内蒙古各生态系统从东西、南北分布呈现明显过渡性分异特征，主要受气候条件差异决定，内蒙古各生态系统的格局决定了林业生态工程实施布局（陈念东，2008），即东部以天然林保护为主，中部以京津风沙源治理为主，西部以"三北"防护林、退耕还林还草等生态恢复性工程为主。

第三节

生态系统时空转换及演变

分别对内蒙古各类生态系统的变化进行计算（钟莉娜等，2014：25~32）（见表 7-3）。从生态系统面积来看，内蒙古在

2000～2010年以草地的面积变化最大，其次是森林生态系统，11年间，除了草地和水域生态系统面积在减少外，其他类型面积都呈增长趋势（于国茂，2011），增幅最明显的是森林生态系统，面积增长了1351.15百公顷（见表7-3）。

表7-3　内蒙古生态系统类型面积变化及变化率

单位：百公顷,%

生态系统		2000～2005年		2005～2010年		2000～2010年	
		面积变化	变化率	面积变化	变化率	面积变化	变化率
A1	农田	91.22	0.08	378.51	0.33	469.73	0.41
A2	森林	483.42	0.41	867.73	0.69	1351.15	0.82
A3	草地	-3471.46	-0.66	529.56	0.10	-2941.90	-0.56
A4	水域	-692.69	-1.98	49.84	0.14	-642.84	-1.83
A5	聚落	374.15	3.24	118.41	1.02	492.56	4.23
A6	荒漠	2170.43	0.90	-914.10	-0.38	1256.33	0.52
A7	其他	44.94	0.09	-29.95	-0.06	14.98	0.03

从各类生态系统的面积变化率来看（表7-3和图7-1、图7-2），森林增加了0.82%，而水域、草地有减小趋势，其他生态系统变化率则很小，除聚落外，基本维持在1%以下。由此可见，虽然森林生态系统的面积增加明显，但由于其基数大，增长率并不突出，工程实施后，森林生态系统面积明显增大，特别是2005～2010年，森林面积增加更为显著。综上可知，内蒙古在实施林业生态工程以来，森林生态系统增幅明显，水域等生态系统面积减少可能与全球气候暖化、水资源不合理利用等自然和人为活动有关，有待进一步深化研究。

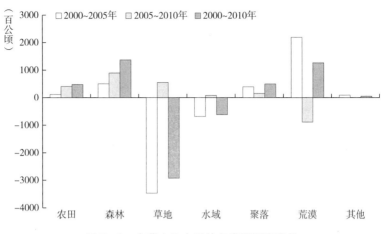

图7-1　内蒙古生态系统各类型面积变化

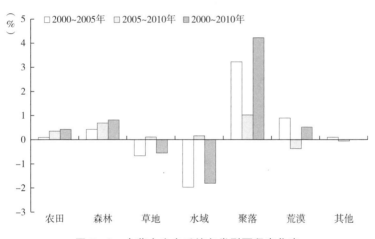

图7-2　内蒙古生态系统各类型面积变化率

对主要生态系统在三个时期的变化情况进行分析研究，得到生态系统分布和转移矩阵（张蒙蒙等，2015：7~9）（见表7-4）。结果表明，生态系统类型和结构相互转化主要发生在森林、草地、荒漠和农田生态系统之间，水域、聚落、其他三类生态系统转换面积较小。

为了更加直观地表达内蒙古分类系统下各生态系统之间面积

表 7 - 4 生态系统分布与构成转移矩阵（单位：百公顷）

年份	类型	农田	森林	草地	水域	聚落	荒漠	其他
2000～2005 年	农田	111074.94	628.69	1502.06	111.88	141.63	108.06	6.00
	森林	238.25	162870.75	516.31	44.06	25.50	74.25	1.38
	草地	1901.13	1633.00	522609.63	380.75	260.94	1016.63	55.44
	水域	294.81	56.94	446.94	34215.00	8.81	665.63	0.88
	聚落	29.63	8.06	39.81	4.31	11084.38	5.31	0.13
	荒漠	117.69	655.75	666.88	237.00	23.50	238281.88	2.38
	其他	1.44	4.06	11.13	1.00	0.56	1.50	50742.94
2005～2010 年	农田	113506.06	200.25	44.50	63.81	34.63	7.25	0.00
	森林	40.75	165106.31	68.94	33.63	3.75	4.50	0.00
	草地	16.19	415.81	525602.06	111.94	82.75	64.94	0.00
	水域	49.44	0.00	102.56	34749.31	7.69	85.00	0.00
	聚落	3.94	0.13	2.50	9.69	11528.69	6.44	0.00
	荒漠	21.38	610.11	476.94	73.56	6.44	240975.13	0.00
	其他	0.31	0.00	28.50	0.00	0.88	0.13	50779.44

续表

年份	类型	农田	森林	草地	水域	聚落	荒漠	其他
2000~2010年	农田	110957.94	628.38	1534.19	163.44	176.13	107.31	5.88
	森林	276.81	162734.50	573.44	77.50	28.75	78.13	1.38
	草地	2293.31	1636.88	521896.50	486.88	346.31	3143.50	54.13
	水域	331.38	56.56	538.00	34003.50	16.56	742.13	0.88
	聚落	33.63	8.13	42.44	14.00	11067.94	5.38	0.13
	荒漠	142.25	1265.86	2301.94	295.63	27.94	237159.19	2.38
	其他	1.75	4.06	38.56	1.00	1.19	1.50	50714.56

的转换，我们将面积转换最活跃的生态系统进行提取并分析，如表 7 – 4、图 7 – 3 至图 7 – 5 所示。

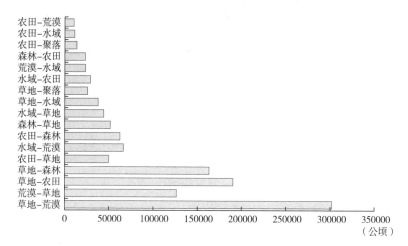

图 7 – 3　2000～2005 年生态系统转换情况

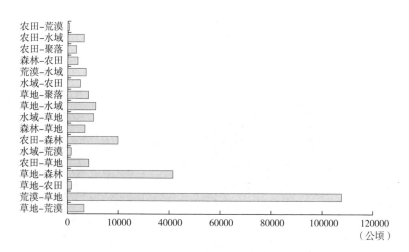

图 7 – 4　2005～2010 年生态系统转换情况

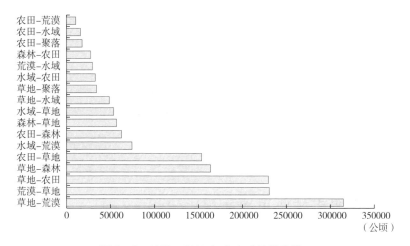

图 7 - 5　2000～2010 年生态系统转换情况

对图 7 - 5 进行分析，2000～2010 年全区生态的总体转换情况主要表现为（蔡广哲，2015）：荒漠向草地转换，草地向森林转换，同时农田也表现出向森林类型转变趋势。对比图 7 - 3 和图 7 - 4 可知，生态系统转换过程主要发生在 2000～2005 年。这一期间，转变面积变化最大的是荒漠和草地生态系统，草地向荒漠转换的面积远大于荒漠转换为草地的面积。这一规律在 2005～2010 年已发生了转变，荒漠向草地转换，同时农田、草地向森林转换成为这一时期生态系统转换的主要特征。对比 2000～2005 年和 2005～2010 年生态系统的转换面积，结果表明，后一阶段其他的各类生态系统之间转换总面积远远小于前一阶段，这表明全区生态系统发生明显改变在林业生态工程实施的前几年，随着整体生态系统的稳定性加强，各生态系统面积及空间演变趋于平缓，并且可能向着良性方向发展。

第四节

森林结构及变化

一 各盟市林业用地面积比较

2006 年和 2013 年内蒙古地区林业用地总面积为 3944.15 万公顷和 4524.11 万公顷。其中 2006 年林业用地超过 500 万公顷的盟市仅呼伦贝尔市，其林业用地面积达到 1473.85 万公顷，林业用地面积在 300 万~500 万公顷的盟市为赤峰市、鄂尔多斯市和阿拉善盟，相对于其他盟市，呼和浩特市、包头市和乌海市的行政面积较小，所以其林业用地面积相对较小，小于 100 万公顷，其中乌海市的林业用地面积最小，仅 9.53 万公顷，剩余 5 个盟市的林业用地面积均在 100 万~300 万公顷。

2013 年林业用地大于 500 万公顷的盟市包括呼伦贝尔市和阿拉善盟，其林业用地分别为 1582.14 万公顷和 522.38 万公顷，林业用地面积在 300 万~500 万公顷的盟市有 3 个，分别为赤峰市、鄂尔多斯市和锡林郭勒盟，林业用地面积小于 100 万公顷的盟市依然为呼和浩特市、包头市和乌海市，其余 4 个盟市的林业用地面积在 100 万~300 万公顷。相对于 2006 年，2013 年阿拉善盟的林业用地面积增加幅度最大，达到 184.47 万公顷，锡林郭勒盟的林业用地面积增加了 144.23 万公顷，呼伦贝尔市的林业用地面积增加了 108.25 万公顷，其他盟市的林业用地面积变化幅度不大，其中呼和浩特市、通辽市、鄂尔多斯市的林业用地面积略有减少（见图 7 - 6）。

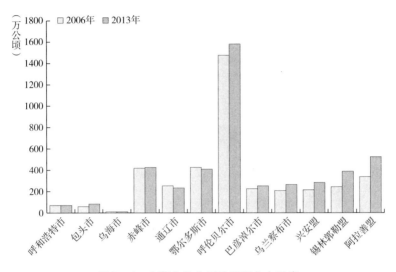

图 7 - 6　内蒙古林业用地面积分布示意

二　林地类型结构及变化

林业用地包括六种：有林地、灌木林地、苗圃地、疏林地和无林地（林荣标，2016：77 ~ 78）。其中呼伦贝尔市的有林地由2006 年的 1266.87 万公顷略微下降到 2013 年的 1187.27 万公顷，但相对于其他地区，其有林地最大。虽然阿拉善盟的林业用地较大，但有林地很小。各盟市的疏林地均小于 20 万公顷。2006 年赤峰市、鄂尔多斯市和阿拉善盟的灌木林地面积均大于 100 万公顷（梁晓磊，2009），2013 年除这 3 个盟市外，锡林郭勒盟和乌兰察布市的灌木林地面积也超过了 100 万公顷，其中阿拉善盟的灌木林地增加幅度最大，较 2006 年增加了 100.98 万公顷。2006

年鄂尔多斯市的未成林造林地面积最大，为512.17万公顷，2013年赤峰市的未成林造林地面积最大，为54.30万公顷。各盟市的苗圃地面积均较小。整体来看，2006年内蒙古中西部的无林地面积比重超过50%，2013年其比重大幅度降低。

综上分析表明，随着林业生态工程实施，全区林地类型结构发生明显变化，主要体现为：东部区域有林地面积增加明显，西部则表现为灌木林地大幅度增加，充分反映了宜林则林、宜灌则灌、宜草则草的林业生态建设原则。

三 森林结构及变化

呼和浩特市：经过重点生态林业工程建设，2010年呼和浩特市的纯林面积相对于2000年增加了215公顷，混交林增加了150公顷，灌林增加了314公顷，2000年至2010年呼和浩特市的纯林、混交林和灌林面积均呈现持续上升趋势，但幅度不大。

包头市：纯林和混交林的增幅与呼和浩特市相近，但灌林面积由2000年的8.93万公顷增加到2010年的12.45万公顷，多了3.52万公顷，3种林地均呈现持续上升趋势。

乌海市：纯林与混交林面积较小，2000年混交林面积仅为35公顷，11年间面积仅增加了63公顷，混交林仅增加了59公顷，但是灌林由2000年的1.52万公顷增加到2010年的11.21万公顷，多了近10万公顷。

赤峰市：位于内蒙古自治区的东部，拥有较大面积的林地，2010年纯林面积达到2.7万公顷，林业生态工程建设使得其混交林面积大幅度增加，相对于2000年，2010年赤峰市的混交林面积增加了 11.4 万公顷，其灌林面积增加幅度大于其混交林，灌林面积增加了 26.82 万公顷。整体而言，11 年间赤峰市的不同林地均持续增加，增加幅度远远超过呼和浩特市、包头市、乌海市、巴彦淖尔市等盟市。

通辽市：纯林与混交林面积均持续增加，其中混交林增加 9013 公顷，灌林面积增加较多，2000 年的灌林为 11.54 万公顷，2005 年比 2000 年就多了 32.65 万公顷，11 年来整体增加了 57.66 万公顷，面积明显增多。

呼伦贝尔市：位于内蒙古自治区东部，相对于其他盟市，其森林总面积增加量最多，且其自身的纯林与混交林面积很大，11 年间纯林增加了 4.87 万公顷，混交林增加了 28.71 万公顷，可见林业生态工程建设突出体现并考虑了混交林的生态作用。

鄂尔多斯市：纯林、混交林面积本身很小，2000 年其混交林面积仅为 21 公顷，11 年来纯林面积增加不足 10 公顷，混交林增加面积仅为 30 公顷，但鄂尔多斯位于内蒙古自治区的西部，其灌林增加幅度大于呼伦贝尔市，达到 42.36 万公顷。

巴彦淖尔市：各林地增加幅度均不大，灌林面积增加大于其纯林和混交林的面积增加，整体林地面积持续增加。

乌兰察布市：位于内蒙古自治区的中西部，其纯林与混交林面积较小，2010 年混交林面积仅为 537 公顷，但其灌林地面积相对较大，2010 年达到 33.83 万公顷，相对于 2000 年多了 21.90 万公顷。

兴安盟：位于东部，兴安盟的林地类型以纯林和混交林为主，其混交林面积较大，2000 年为 24.65 万公顷，2010 年为 47.23 万公顷，面积上升幅度较大，相反其灌林较小。

锡林郭勒盟：林地不大，灌林地较多。

阿拉善盟：在内蒙古地区的西部，生态环境相对于其他盟市较恶劣，其纯林与混交林面积较小，但均呈上升状态，其灌林增幅较大，2000 年为 13.58 万公顷，到 2010 年达到 50.6 万公顷，增加了 37.02 万公顷。

整体而言，内蒙古自治区东部的森林类型以纯林和混交林为主，西部以灌林为主。随着林业生态工程建设推进，纯林、混交林和灌林面积均有不同程度的增加，但东部地区混交林逐渐占据主体地位，西部的生态绿化则主要依靠灌林。其中，乌海市、鄂尔多斯市、乌兰察布市和阿拉善盟的灌林增幅较大，赤峰市、呼伦贝尔市、兴安盟则混交林增幅较大。不同的盟市其自身的森林资源与森林结构不同，因地制宜的林业生态工程建设使得林地面积增加幅度有所差别，但各盟市发展趋势均良好（见图 7 - 7）。

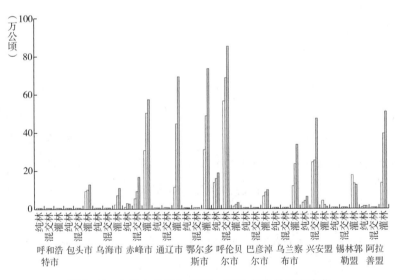

图 7 - 7　内蒙古各盟市 2000 ~ 2010 年森林面积变化

第八章

林业生态工程对森林资源状况及植被覆盖度的影响

第一节

森林覆盖率趋势

2013 年全区的森林覆盖率为 22.94%，相对于 2000 年增加了 8.62 个百分点，表明林业生态工程的实施对内蒙古自治区森林覆盖率的提升有明显的促进作用。其中 2000~2013 年呼伦贝尔市、包头市、乌海市、鄂尔多斯市、巴彦淖尔市和乌兰察布市的森林覆盖率增加幅度较大，呼伦贝尔市的森林覆盖率由 34.56% 增加到 49%，包头市的森林覆盖率由 5.12% 增加到 16.72%，乌海市的森林覆盖率由 7.16% 增加到 22.03%，鄂尔多斯市的森林覆盖率由 12.88% 增加到 25.35%，巴彦淖尔市的森林覆盖率由 4.36% 增加到 11.84%，乌兰察布市的森林覆盖率由 7.87% 增加到 22.88%。阿拉善盟、锡林郭勒盟、兴安盟、赤峰市、通辽市和呼和浩特市的森林覆盖率也呈现上升趋势，但幅度相对较小，其中呼和浩特市的森林覆盖率增加幅度最小，仅增加 1.03 个百分点（见图 8-1）。

整体来看，呼伦贝尔市的森林覆盖率最大，赤峰市第二，兴安盟第三，这 3 个盟市均位于内蒙古自治区的东部，森林覆盖率均超过全区平均水平，而阿拉善盟、锡林郭勒盟和巴彦淖尔市三个盟市的森林覆盖率相对最低，这三个盟市均在内蒙古的西部，

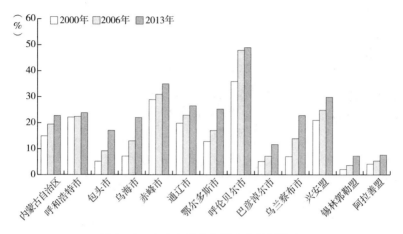

图 8 - 1　内蒙古地区各盟市森林覆盖率

内蒙古西部的自然气候条件较差，但经过林业生态工程建设，其森林覆盖率都所增加，环境状况也得到改善（刘珉，2014：80~86）。自林业生态工程实施以来，全区森林覆盖率均呈现增长态势，贡献主要来自东部地区，但增幅最大的是西部乌海市，最小的是呼和浩特市。

第二节

森林蓄积量趋势

2000 年呼伦贝尔市的森林蓄积量为 8.82 万亿 m³，至 2013 年达到 10.77 亿 m³，远远高于其他盟市，其他盟市的森林蓄积量如图 8 - 2 所示。2000~2013 年呼和浩特市、鄂尔多斯市、阿拉善盟的森林蓄积量先上升后下降，但整体森林蓄积量处于上升，其他盟市的森林蓄积量均稳定上升。兴安盟森林蓄积量最大，2013

年达到 8200 亿 m³ 左右，赤峰市的森林蓄积量第二，在 2013 年达到 7000 亿 m³ 左右，通辽市第三，在 2013 年达到 4000 亿 m³ 左右。乌海市由于其本身土地面积最小，其森林蓄积量也最小。此外，包头市、阿拉善盟、鄂尔多斯市的森林蓄积量均较小。

经过林业生态工程建设，赤峰市增加了 1381.37 亿 m³，通辽市增加了 1054.55 亿 m³、兴安盟增加了 2523.33 亿 m³、呼伦贝尔市增加了 19464.23 亿 m³，这四个地区森林蓄积量的增加幅度较大。内蒙古自治区西部的森林蓄积量远远低于东部，这与森林覆盖率的分布规律保持一致（见图 8-2）。

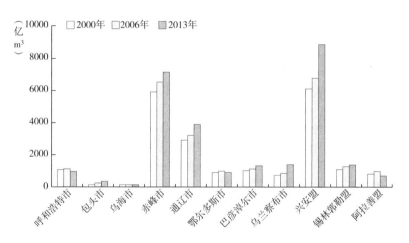

图 8-2 内蒙古各盟市（除呼伦贝尔外）森林蓄积量

第三节

植被覆盖度（NDVI）趋势

利用 SPOT VGETATION NDVI 时间序列遥感数据集反演了内

蒙古自治区 12 个地级市 2000～2010 年植被覆盖度的空间格局和
变化规律。

首先从 2000 年、2005 年、2010 年三个典型年份对全区 12 个
地级市植被覆盖度进行统计，呼伦贝尔市植被覆盖度最高，阿拉
善盟植被覆盖度最低。整体来看，内蒙古地区的植被覆盖度为东
高西低、由东到西逐步减少的特征（穆少杰等，2012：1255～
1268）。

利用柱状图来分析内蒙古自治区 12 个地级市植被覆盖度的
变化情况，如图 8－3 所示，鄂尔多斯市、兴安盟从 2000 年到
2005 年再到 2010 年呈连续上升趋势，呼和浩特、呼伦贝尔等 5
个市的植被覆盖度先增加后降低，但整体为上升，而通辽市、
包头市的植被覆盖度呈现先降低后增高，变化幅度不是太大。

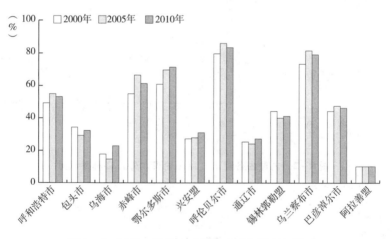

图 8－3　2000～2010 年内蒙古各地区植被覆盖度

第九章

林业生态工程对沙尘源和风沙灾害的影响

第一节

土地荒漠化防治

土地荒漠化形成的原因有很多，如气温升高、人类乱砍滥伐等，导致干旱、半干旱和半湿润地区的土地出现不同程度的退化（刘淑珍等，2000：36～40）。内蒙古是全国荒漠化土地分布最严重的省区之一（董建林等，2003：1～6）。荒漠化主要有风蚀、水蚀、土壤盐渍化三种（蒋齐等，1999：55～62）。

如图9－1所示，荒漠化主要发生在阿拉善盟、鄂尔多斯市和锡林郭勒盟等地，其中西部的阿拉善盟和中部的锡林郭勒盟荒漠化面积最大。相对而言，东部及中部部分地区的荒漠化面积较小，如中部地区的兴安盟，东部地区的呼和浩特市、包头市等地荒漠化面积均小于40万公顷。内蒙古自治区的荒漠化90%左右是风蚀导致（张秋颖，2014），在整个地区分布广泛，但风蚀程度大致由东北向西南方向呈阶梯状减小。水蚀荒漠化与盐渍化则多分布在一些特定区域，其中，水蚀荒漠化土地主要集中分布在内蒙古中东部的丘陵山区，而盐渍化土地则大多集中分布在河套平原、土默川平原和几大沙地中的丘间低地，二者约占荒漠化总面积的9%，其他荒漠化形式在内蒙古分布极少，仅占1%左右。

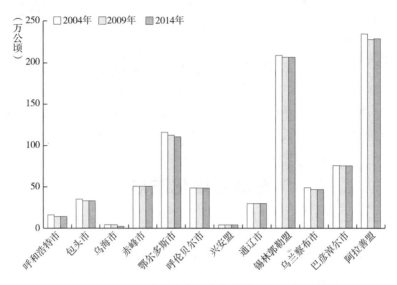

图 9 - 1   内蒙古各盟市荒漠化面积变化

内蒙古自治区有 12 个盟市，通过对 12 个盟市荒漠化面积进行统计，内蒙古 2014 年极重度荒漠化面积比 2004 年少了 151.5 万公顷，重度荒漠化总面积少了 300.7 万公顷，所以内蒙古要治理重度荒漠化地区。

第二节

土地沙化治理

土地沙化是指天然沙漠面积增大，沙质土壤上的植被被破坏导致的沙土外露的过程，多是气候变化和人类活动导致的（李永霞等，2011：71～74）。内蒙古地处干旱、半干旱地区，年平均风速 3.5-5.7m/s，年大风日数多达 70～80 天。全区大部降水量少，且时空分布不均，干旱年份占 70%~75%，是全国沙化土地分布最集中和危害最严重的省区之一。

如图 9 - 2 所示，内蒙古西部地区的阿拉善盟沙化面积最大，约占内蒙古沙化总面积的一半，其次是鄂尔多斯市和锡林郭勒盟，沙化现象同样十分严重。空间分布上，土地沙化大体上呈现由西南向东北逐渐减少的趋势。对沙化程度进行分析，阿拉善盟是土地沙化程度最严重区域，该地区极重度沙化面积远远超过其他盟市，且重度和中度所占比例也很大。鄂尔多斯市沙化面积虽然较大，但其沙化程度主要表现为轻度和中度，而锡林郭勒盟沙化程度主要表现为重度和中度，极重度沙化面积所占比例极少。巴彦淖尔的总沙化区域并不大，但是重度和极重度沙化区域所占比例很大。其他沙化面积较小的盟市中，呼伦贝尔市、兴安盟、呼和浩特市多为轻度沙化。此外，位于内蒙古中东部的盟市有一定程度的中度、重度沙化。

2014 年内蒙古土地沙化面积为 4079 万公顷，比 2009 年减少了 34.30 万公顷，较 2004 年减少了 80.6 万公顷，在整体上，内蒙古沙化面积呈下降趋势。其中，以沙化最严重的阿拉善盟的减少趋势最为明显，10 年间，沙化面积减少了 58.10 万公顷，占内蒙古总沙化减少面积的 72%。内蒙古不仅沙化面积减少明显，而且其沙化的程度也得到显著的改善，主要表现为极重度、重度沙化向中度、轻度沙化转化，尤其是在科尔沁、毛乌素、浑善达克、呼伦贝尔等沙地，其沙化现象减少更加显著。总体上，内蒙古自治区的土地沙化现象得到遏制，沙化面积减少，沙化程度降低，生态环境得到改善（见图 9 - 2、图 9 - 3）。

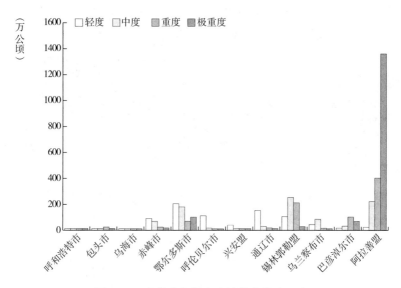

图 9 - 2   内蒙古各盟市土地沙化程度示意

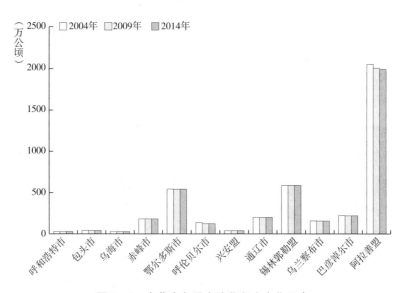

图 9 - 3   内蒙古各盟市沙化程度变化示意

第三节

土壤侵蚀防治

　　土壤侵蚀是北方干旱半干旱区的重要环境问题之一（丁访军，2011；冯晓晶等，2011：39～41）。林业生态工程实施对土壤侵蚀防治的积极效应在黄土高原地区得到很多证明。内蒙古自治区土壤侵蚀主要包括水蚀、风蚀两种类型，在部分地区还存在少量的冻融侵蚀（见图9－4）。由于不同的土壤侵蚀类型其发生条件不同，所以在分布上，内蒙古的土壤侵蚀类型表现出明显的空间差异性。但是水蚀与风蚀在内蒙古大部分地区都有发生，其中水蚀主要分布在东部的丘陵山区，以呼伦贝尔市的水蚀现象最严重，见图9－5。而风蚀则受气候、植被分布等因素的影响，主要分布在内蒙古西部地区。冻融主要在内蒙古北部的呼伦贝尔市和兴安盟，以及地理位置靠北的赤峰市和锡林郭勒盟等。三种土壤侵蚀类型中，风力侵蚀所占的比重最大，其中约有一半的比例为强烈及强烈以上程度的侵蚀，并且剧烈程度的侵蚀面积约占总风力侵蚀面积的20％左右。而水力侵蚀和冻融侵蚀所占比重较小，且水力侵蚀多为轻度和中度侵蚀，冻融侵蚀多为轻度侵蚀，所以水力侵蚀和冻融侵蚀并不是内蒙古自治区主要的侵蚀类型。

　　改善西部地区的生态状况，减少各侵蚀类型的面积，是西部林业生态工程的重要目的之一，而分析林业工程实施前后各类侵蚀面积的变化（刘林福等，2002：1～3），对比不同程度侵蚀在总侵蚀面积中所占比例，可充分体现林业生态工程对内蒙古自治区土壤侵蚀状况的改善程度，也是防治沙尘的有效方法之一。

由统计数据可知，林业生态工程实施的十几年间，内蒙古自治区各土壤侵蚀类型的总面积发生了明显的减少。侵蚀规模由最初的 108.58 万公顷减少到 64.35 万公顷，侵蚀规模明显降低（见图 9-4）。

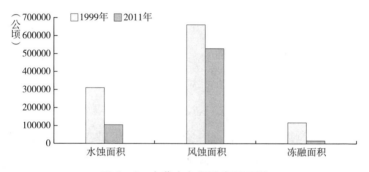

图 9-4　内蒙古各侵蚀类型面积

三种侵蚀类型在 1999~2011 年都有不同程度的减少，其中减少比例最大的是冻融侵蚀，1999~2011 年，冻融侵蚀面积共减少 88%，减少了 10.23 万公顷。面积减少最多的是水蚀，工程实施期间减少面积达到 20.68 万公顷，尤其是呼伦贝尔市、赤峰市和兴安盟，三个盟市水蚀减少面积占总减少面积的 60%，其他盟市也有相当明显的减少，如乌兰察布市、鄂尔多斯市等，见图 9-5。另外，从 1999 年到 2011 年，风蚀面积减少了 13.32 万公顷，减少面积最多的盟市为呼伦贝尔市，其他几个盟市也有不同程度的减少。

植被变化与土地的退化有着十分密切的联系，乱砍滥伐、过度放牧、植被的破坏都直接影响土壤侵蚀的发生发展，土壤侵蚀的加剧是引起土地不断退化的直接原因（王美红等，2008）。而

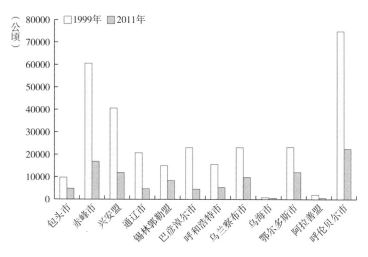

图 9 - 5　内蒙古水蚀减少面积

林业生态工程的实施，不仅为当地带来了一定的林业产值，还通过植树造林、退耕还林、林地保护等措施扩大了区域的林地面积，使地表植被覆盖显著增加，极大地抑制了土地退化现象。在工程实施期间，林地面积增加越大的区域，其土地退化现象的减少也越明显。如重点治理的科尔沁沙地、毛乌素沙地等地区，由于生态环境恶劣，在林业生态工程实施过程中，这些地区作为重点的治理对象，随着森林覆盖度的增加，全区土壤风蚀、沙化、荒漠化现象都得到很大的改善。

第四节

风沙灾害天气防控

内蒙古横跨中国北部地区，面积大造成了其巨大的空间异质性（那玉林，2013：458～462）。自治区东部植被条件较好，而中部与西部仍分布着相当面积的沙漠，浮尘、扬沙、沙尘暴等恶劣天气状况时有发生。其中位于内蒙古东部的兴安盟、呼伦贝尔市与通辽市发生风沙扬尘天气的日数最少，而位于西部的阿拉善盟、巴彦淖尔市等地区，由于植被条件较差，风沙天气发生的日数较多（孟雪峰等，2011：3～6）。

2000～2010年，风沙日数分布的空间格局基本保持了这种西多东少的状态。但是在发生的频率方面，全自治区有了显著的降低，主要表现为浮尘、扬沙、沙尘暴天气的年发生日数大幅减少。减少幅度最大的是扬沙天气，其频率由最初的234天减少到120天；其次是沙尘暴天气，由工程初期的77天减少到38天，此外，浮尘天气发生频率也有一定的降低趋势，如图9－6、图9－7、图9－8所示。三个监测指标在2006年均有一定的反弹，结合当年的气象资料，发现该年内蒙古自治区降雨量有较为明显的减少，且温度、风速等都略有升高。因此，2006年沙尘天气日数的升高极可能是由于气候的反常所引起，是内蒙古自治区气候

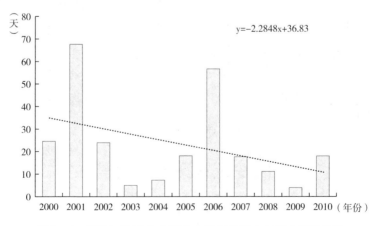

图9－6　2000～2010年内蒙古自治区各盟市年浮尘日数总和

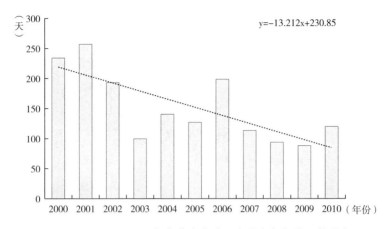

图 9 - 7　2000~2010 年内蒙古自治区各盟市年扬沙日数总和

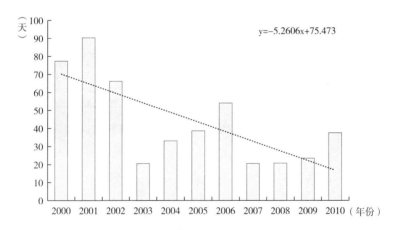

图 9 - 8　2000~2010 年内蒙古自治区各盟市年沙尘暴日数总和

自然波动的结果。故此从内蒙古自治区全境来看，西部林业重点工程对于减少浮尘、扬沙、沙尘暴等恶劣天气的发生有相当明显的作用，工程实施的十几年间，内蒙古的空气质量在很大程度上得到改善。

　　从各盟市单个指标的变化来分析，其空气质量依然呈现大幅改善的趋势。工程实施以来，各盟市年浮尘日数的变化明显，内蒙古西部改善程度最大，如鄂尔多斯市、乌海市与阿拉善盟等。而东部地区由于气候环境及生态基底的优势，在生态工程实施前后，其改善的程度并不显著。西部林业重点工程实施期间，位于内蒙古西部的巴彦淖尔市、乌海市与阿拉善盟的扬沙天气年日数减少趋势较为明显，下降幅度达到50%之多，然而其他盟市并没有特别明显的减少趋势，且在2006年前后出现了一定的反弹。其原因在于，内蒙古自治区中部与东部植被条件原本就优于西部，扬沙天气本就发生不多，因此林业生态工程对于该地区空气质量的改善没有西部明显。工程实施前后各盟市沙尘暴年日数的变化与扬沙天气有相似的趋势，位于西部的巴彦淖尔市、锡林郭勒盟、鄂尔多斯市与乌海市等均有50%以上的大幅减少，而位于自治区东部与中部的盟市在工程实施的十几年间一直保持着较低的发生日数，改善的幅度不如西部明显。西部林业重点工程在改善空气质量，减少浮尘、扬沙、沙尘暴天气方面取得了相当明显的成效，尤其对西部生态状况与气候条件的改善起到非常明显的作用。

第五节

工程实施背景下风沙灾害主要
气象因子变化剖析

沙尘天气是恶劣的自然环境与大气异常运动两者共同作用引起的，干旱少雨、植被稀少是它形成的前提条件（沈洁等，2010a：467~474）。降水、湿度和温度等指标不仅影响着干旱气候的形成，对沙尘天气的产生和发展也影响很大，特别是降水，从目前的研究成果来看，降水影响沙尘天气的发生发展是通过引起土壤湿度、空气湿度以及地表植被覆盖的变化实现的（张刚，2006）。温度通过影响水分蒸发和干燥程度对沙尘天气造成影响，要比降水复杂，是间接地产生影响，并不像降水能直接抑制沙尘天气的产生。除干旱之外，大风是沙尘天气形成的直接原因（张丽娟等，2002：556～558）。

内蒙古自治区地处大陆内部，距海较远，大陆性气候特征明显，具有降雨量少且不匀、相对湿度小、年温差与日温差大、风速大的特点。从内蒙古全境来看，气候特征总体上向良好方向发展，具体表现为风速的降低、降水量的增加等。年均风速的下降最为明显，由 2000 年的 2.58 m/s 下降到 2010 年的 2.50 m/s。林业重点工程实施的初期与末期相比，降雨量增加了 48.43mm。在工程实施的十几年间，内蒙古的温度发生了较为明显的上升。

从各盟市气候因子的变化来看，也有较为明显的改善。就降雨而言，各个地级市均有较为明显的增加，其中，以自治区东部地区增加最为显著；同样，风速在工程实施前后的变化也十分明显，除赤峰市外，内蒙古自治区各市的平均风速均呈现降低的趋势，尤其是巴彦淖尔市及乌海市，减少趋势更为明显；相对于降水与风速，内蒙古区域的各盟市间相对湿度的变化并不统一，西边的阿拉善盟、巴彦淖尔市与鄂尔多斯市湿度增加明显，而东边的生态与气候环境本来就比较好的一些盟市，其相对湿度则出现了略微下降（见图 9 - 9）。

由上述分析可知，西部林业重点工程的开展，对于内蒙古自治区的气候变化起到较为明显的改善作用，内蒙古自治区的风速、降雨等多个指标均得到较为明显的改善。风速的降低，极大

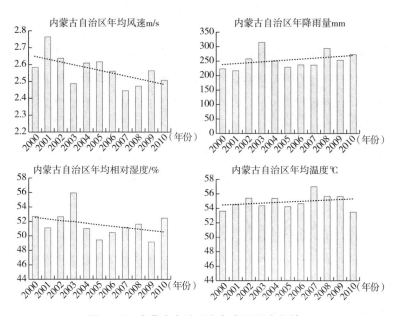

图 9-9　内蒙古自治区各气象因子变化情况

地减少了沙尘传输的动力，而降水的增加则为增加土壤及空气湿度、土壤粗糙度，以及地表植被覆盖度提供了良好条件。整体气候环境的改善，对扬沙、浮尘、沙尘暴等灾害发生的频率和过程均具有积极作用，同时对该地区土地沙化、土壤侵蚀、土地荒漠化的防控具有积极意义（董耀先等，2015）。

第十章

基于面板模型的林业生态
工程沙尘防治效应分析

第一节

面板数据模型介绍

面板数据（Panel Data，Longitudinal Data），也被称为时间序列截面数据（Time Series and Cross section Data）或者混合数据（Pool Data）。顾名思义，不同于一维数据，面板数据有时间维度和空间维度（王津港，2009），在一定程度上，面板数据能被看作是空间数据按时间维度堆积而成。一般情况用双下标变量表示，如：y_{it}，y 的 N 个截面中的第 i 个个体由 i 表示，y 的 T 个时间维度中的第 t 个时点由 t 表示（于志兵，2013）。

面板数据模型的一般形式为：

$$y_{it} = \alpha_{it} + x_{it}\beta_{it} + u_{it}, i = 1, \cdots, N; t = 1, \cdots, T \qquad (10.1)$$

其中，α_{it} 为常数项，与随机误差项 u_{it} 之间没有关联，且满足零均值、同方差的假设（石琳，2008）。一般上述模型不能用来估计，也不能预测。因为参数的个数比自由度 NT 多。因此我们假设参数只随一个变量变化，即随个体的变化而变化，不随时间变化。因此，模型改写为：

$$y_{it} = \alpha_{i} + x_{it}\beta_{i} + u_{it}, i = 1, \cdots, N; t = 1, \cdots, T \qquad (10.2)$$

误差性可以分解为：

$$u_{it} = u_i + \varepsilon_{it}, i = 1, \cdots, N; t = 1, \cdots, T \qquad (10.3)$$

其中 u_i 是个体效应，ε_{it} 是特异误差。且 $Var(\varepsilon_{it}) = \sigma_t^2$，$\varepsilon_{it}$ 相互独立。根据对 u_i 的不同假定，面板数据模型有两种，u_i 不变为固定效应模型（Fixed Effect Model），u_i 变化为随机效应模型（Random Effect Model）（张灿亭等，2006：55～59）。如果是固定效应模型，那么 u_i 不随时间的变化而变化，与解释变量的关系不确定，可能相关，也可能无关。如果是随机效应模型，那么 u_i 是随机变量。

第二节

解释因子选取及统计学特征变化

在本研究中，共有 12 个地级市，时间共 11 年。采用的变量包括：植被覆盖度、扬沙天数、浮尘天数、沙尘暴天数、林业生态工程建设总面积、林业产值比重、人均绿色面积、第一产业比重、第二产业比重、降雨量、气温和风速。内蒙古各个地级市从 2000 年到 2010 年共 11 年的数据分布如表 10 - 1 所示。

对于植被覆盖度数据，其平均值为 47.3%，最大值为 86.9%，说明总体上内蒙古植被覆盖度较好。但是最小值仅为 9.5%，说明某些局部地区的植被覆盖度情况不好，尤其是在西部的阿拉善盟等地区，植被覆盖度非常低。

在扬沙、浮尘和沙尘暴方面，其最小值均为 0。扬沙平均值为 12.6 天，浮尘平均值为 1.9 天，沙尘暴平均值为 3.7 天。在最大值方面，这三个因子分别为 50 天、21 天和 20 天。在内蒙古自治区东北部以及东部地区，森林覆盖率较高，因此对于扬沙、浮尘和沙尘暴起到控制作用，该地区的数值均较低。而在西部地区，尤其是阿拉善盟地区，这三个因子的数值都非常高。

表 10 - 1　内蒙古自治区 2000～2010 年各生态环境因子的统计学特征

变量	最小值	25%	平均值	75%	最大值	标准差
植被覆盖度（%）	9.5	29.2	47.3	66.8	86.9	22.2
扬沙天数（天）	0	3	12.6	19	50	11.7
浮尘天数（天）	0	0	1.9	2.9	21	3.3
沙尘暴天数（天）	0	1	3.7	5	20	4.2
林业生态工程建设总面积（hm^2）	70	12230	50310	73130	289470	49130
"三北"防护林工程（hm^2）	0	607	9491	14000	79489	11638
天然保护林工程（hm^2）	0	0	9207	10666	148300	18828
退耕还林工程（hm^2）	0	0	14613	17979	117539	22880
京津风沙源工程（hm^2）	0	0	16675	11333	152274	32803
林业产值比重（%）	0.1	0.3	1.3	2.1	7.0	1.2
人均绿色面积（m^2）	0.9	4.5	9.3	13.0	27.1	6.0
第一产业比重（%）	0.9	5.9	18.6	28.2	62.6	14.1
第二产业比重（%）	11.5	34.0	46.9	56.9	81.1	16.4
降雨量（mm）	70.9	190.5	259.1	327.2	466.7	132.7
气温（℃）	-1.2	4.9	5.8	7.8	8.9	2.5
风速（m/s）	2.1	2.4	2.5	2.7	3.1	0.2

在林业生态工程建设方面，从 2000 年到 2010 年"三北"防护林工程、天然保护林工程以及京津风沙源工程等平均建设面积为 5 万公顷，说明总体建设工程量较大。但最小建设面积仅为 70 公顷，最大值为 28.95 万公顷，标准差为 4.91 万公顷。说明不同地级市之间的工程实施程度差别非常大。

在社会经济因子中选择了四个因子：林业产值比重、人均绿色面积、第一产业比重和第二产业比重（乔慧，2005：65-68）。这四个因子都与林业生态工程建设有直接或间接的相关性。林业产值比重的范围从0.1%到7.0%，平均值为1.3%。总体而言，林业产值在区域生产总值中所占的份额不高。人均绿色面积最小值为0.9m²，最高值为27.1m²，平均值为9.3m²，说明自治区不同地级市人均绿色面积差别非常大。第一产业比重的范围从0.9%到62.6%，第二产业比重最小值为11.5%，最大值达到81.1%，说明不同区域之间产业比重存在非常大的差异性。

在气象因子中选择了三个因子：降雨量、气温和风速（周东伟，2008）。降雨量从70.9mm到466.7mm，变化幅度非常大。气温从-1.2℃到8.9℃，变化幅度也较大。风速的范围从2.1m/s到3.1m/s，其变化幅度相对较小。

2000~2003年内蒙古自治区林业生态工程建设面积变化逐步增加，从2000年的37.76万公顷逐步快速增加到2003年的113.25万公顷。然后从2003年开始又逐渐递减，到2006年减少到最低值。从2006年又开始缓慢增加。到2009年达到新的峰值（见图10-1）。

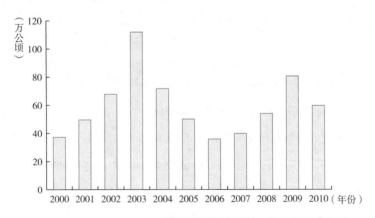

图10-1 2000~2010年内蒙古自治区生态工程建设面积变化

内蒙古自治区 2000 ~ 2010 年 NDVI 变化见图 10 - 2。

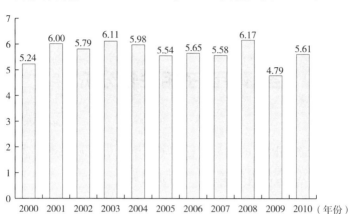

图 10 - 2 内蒙古自治区 2000 ~ 2010 年 NDVI 变化

扬沙、浮尘和沙尘暴日数的变化如图 10 - 3 所示, 在 2001 年达到最高值, 然后从 2001 年开始逐渐减少, 到 2003 年降低到第一个波谷; 随后又开始上升, 到 2006 年升高到第二个波峰, 三者具有较强的一致性。

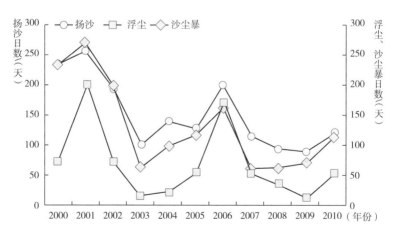

图 10 - 3 内蒙古自治区 2000 ~ 2010 年浮尘、
扬沙和沙尘暴日数变化

第三节

各解释因子相关性分析

对各个解释因子的相关性进行了如下分析（见表 10 - 2）。结果表明，NDVI 与降雨量存在很强的正相关性（0.82），由于内蒙古自治区本身处于较缺水的区域，因此，降雨量严重地影响到植被的生长状况。NDVI 与气温存在着较强的负相关性（- 0.77）。

林业生态工程建设面积除了和降雨量的相关系数（0.3）较大外，与其他因素的相关性都较低。还有一个现象是第二产业比重除了和气温的相关系数为 0.42 外，和其他因子的相关系数都小于 0。这个情况说明第二产业的增加对其他因素，尤其是对林业方面都有着负向的反馈作用。可能是由于工业生产会影响到农林行业（见表 10 - 2）。

表 10 - 2　各个因子之间的相关性分析

变量	NDVI	林业生态工程建设面积	林业产值比重	人均绿色面积	第一产业比重	第二产业比重	降雨量	气温	风速
NDVI	1.00								
林业生态工程建设面积	0.09	1.00							
林业产值比重	0.63	0.16	1.00						

变量	NDVI	林业生态工程建设面积	林业产值比重	人均绿色面积	第一产业比重	第二产业比重	降雨量	气温	风速
人均绿色面积	0.21	0.15	0.20	1.00					
第一产业比重	0.43	0.16	0.52	-0.02	1.00				
第二产业比重	-0.51	-0.07	-0.53	-0.15	-0.46	1.00			
降雨量	0.82	0.30	0.43	0.13	0.24	-0.34	1.00		
气温	-0.77	0.04	-0.62	-0.41	-0.37	0.42	-0.51	1.00	
风速	-0.05	-0.03	-0.02	-0.38	0.26	-0.07	-0.26	-0.02	1.00

第四节

林业生态工程建设对主要沙尘灾害天气影响驱动效应

在分析林业生态工程建设对沙尘天气的影响时，首先分析林业生态工程总的建设对沙尘暴、扬沙和浮尘发生频率的影响，然后分别分析四大林业生态工程建设对沙尘暴、扬沙和浮尘发生频率的影响（王金艳，2006）。

首先，以沙尘暴发生日数作为因变量，以 NDVI、林业生态工程新增面积、林业产值比重、人均绿色面积、第一产业比重、第二产业比重、降雨量、气温和风速作为自变量，进行逐步回归。逐步回归的结果表明，NDVI、林业生态工程新增面积、降雨量和风速对沙尘暴发生日数的影响具有显著性，而其他因素的影响是非显著的。

其次，以扬沙发生日数作为因变量，仍以上述所有因素作为自变量，进行逐步回归。逐步回归的结果与沙尘暴的分析结果是相同的。以浮尘发生日数作为因变量，以上述所有因素作为自变量进行逐步回归，逐步回归的结果与沙尘暴是相同的。因此，决定以 NDVI、林业生态工程新增面积、降雨量和风速四个因素作为解释变量，分析它们对沙尘暴、扬沙和浮尘发生频率的影响。

一 对沙尘天气影响效应总体评价

首先，使用固定效应模型分析林业生态工程总体建设分别对沙尘暴、扬沙和浮尘发生频率的影响。F 检验的结果都是极显著的，说明使用普通回归没有考虑到影响的空间异质性。其次，使用随机效应分析林业生态工程总体建设分别对沙尘暴、扬沙和浮尘发生频率的影响，然后确定使用 Hausman 检验面板模型是采用固定效应模型还是采用随机效应模型。Hausman 检验的结果表明，相关解释变量对沙尘暴和扬沙的影响是随机效应的，而对浮尘的影响则是固定效应的。

表 10 - 3 是利用植被覆盖度、林业生态工程新增面积、降雨量和风速作为解释变量，分析沙尘暴、扬沙和浮尘的面板数据结果。分析结果表明，各个因子对于沙尘天气的影响都是显著性的，但是显著性的程度不相同。风速对于沙尘天气的影响是非常显著的，而降雨量影响的显著性稍微弱些（见表 10 - 3）。

表 10 - 3　面板数据分析结果

变量	沙尘暴（随机）		扬沙（随机）		浮尘（固定）	
	系数	S. E	系数	S. E	系数	S. E
植被覆盖度（%）	- 5.05 **	2.58	- 27.16 ***	8.98	- 13.36 *	7.22
林业生态工程新增面积（10 万公顷）	- 2.40 **	1.10	- 2.80 **	1.10	- 3.20 **	1.50
降雨量（分米）	- 0.67 **	0.32	- 0.41 *	0.32	- 1.00 *	0.51
风速（m/s）	11.54 ***	1.69	24.64 ***	4.16	5.18 **	2.10
Hausman 检验	0.23		0.14		0.01	

注：* * * $p < 0.01$；* * $0.01 < p < 0.05$；* $0.05 < p < 0.1$。

对于沙尘暴频率，当植被覆盖度每增多 1% 时，沙尘暴每年减少 5.05 天；林业生态工程每增多 10 万公顷时，沙尘暴每年减少 2.4 天；降雨量每增多 1 分米时，沙尘暴每年减少 0.67 天；风速每增多 1m/s 时，沙尘暴每年发生的日数增加 11.54 天。

对于扬沙频率，当植被覆盖度每增多 1% 时，沙尘暴（均以沙尘暴统计，下同）每年减少 27.16 天；林业生态工程每增多 10 万公顷时，沙尘暴每年减少 2.8 天；降雨量每增多 1 分米时，沙尘暴每年减少 0.41 天；风速每增多 1m/s 时，沙尘暴每年发生的日数增加 24.64 天（于春艳，2006）。

对于浮尘频率，当植被覆盖度每增多 1% 时，沙尘暴每年减少 13.36 天；林业生态工程每增多 10 万公顷时，沙尘暴每年减少 3.2 天；降雨量每增多 1 分米时，沙尘暴每年减少 1.00 天；风速每增多 1m/s 时，沙尘暴每年发生的日数增加 5.18 天。

分析表明，风速对于沙尘天气有很大的促进作用。无论对沙尘暴、扬沙还是浮尘，正向作用都非常明显（卢晶晶，2006）。风的形成与气压云团以及气候环流模式有关，很难进行人为的控制。因此，为了抑制沙尘天气，需要从植被覆盖度和林业生态工程建设方面入手。研究结果表明，植被覆盖度的高低与沙尘天气的出现呈负相关。尤其是对于扬沙和浮尘天气，其影响效果非常明显。林业生态工程建设也能降低沙尘天气发生的频率。

二 各工程实施对主要沙尘天气影响效应评价

（一）"三北"防护林工程对沙尘天气影响

首先，使用固定效应模型分析"三北"防护林工程建设分别对沙尘暴、扬沙和浮尘发生频率的影响。F检验的结果都是极显著的，说明使用普通回归没有考虑到影响的空间异质性。其次，使用随机效应分析"三北"防护林建设分别对沙尘暴、扬沙和浮尘发生频率的影响，然后确定使用Hausman检验面板模型，是采用固定效应模型还是采用随机效应模型。Hausman检验的结果表明，相关解释变量对沙尘暴和扬沙的影响是随机效应的，而对浮尘的影响则是固定效应的（见表10-4）。

表10-4 以"三北"防护林工程为因子的面板数据分析结果

变量	沙尘暴（随机）		扬沙（随机）		浮尘（固定）	
	系数	S. E	系数	S. E	系数	S. E
植被覆盖度（%）	-3.15*	1.89	-30.56***	8.05	-14.81*	7.59
"三北"防护林工程（10万公顷）	-4.00**	1.60	-2.30*	1.10	-1.20*	0.70
降雨量（分米）	-0.95*	0.58	-0.77*	0.46	-1.27*	0.72
风速（m/s）	11.38***	1.66	21.98***	4.13	5.06**	2.11
Hausman检验	0.07		0.13		0.01	

注：*** $p < 0.01$；** $0.01 < p < 0.05$；* $0.05 < p < 0.1$。

表10-4是利用植被覆盖度、"三北"防护林工程、降雨量

和风速作为解释变量，分析沙尘暴、扬沙和浮尘的面板数据结果。分析结果表明，各个因子对于沙尘天气的影响都是有显著性的，但是显著性的程度不尽相同。风速对于沙尘天气的影响高于"三北"防护林工程和降雨量产生的影响。

对于沙尘暴，当植被覆盖度每增多1%时，沙尘暴每年减少3.15天；"三北"防护林工程建设面积每增加10万公顷时，沙尘暴每年减少4.0天；降雨量每增多1分米时，沙尘暴每年减少0.95天；风速每增多1m/s时，沙尘暴每年发生的日数增加11.38天（张冲等，2008）。

对于扬沙频率，当植被覆盖度每增多1%时，沙尘暴每年减少30.56天；"三北"防护林工程建设面积每增加10万公顷时，沙尘暴每年减少2.3天；降雨量每增多1分米时，沙尘暴每年减少0.77天；风速每增多1m/s时，沙尘暴每年发生的日数增加21.98天。

对于浮尘频率，当植被覆盖度每增多1%时，沙尘暴每年减少14.81天；"三北"防护林工程建设面积每增加10万公顷时，沙尘暴每年减少1.2天；降雨量每增多1分米时，沙尘暴每年减少1.27天；风速每增多1m/s时，沙尘暴每年发生的日数增加5.06天。

（二）天然林保护工程对沙尘天气影响

天然林保护工程对沙尘天气影响的分析与上述相同，首先使用固定效应模型分析天然林保护工程分别对沙尘暴、扬沙和浮尘发生频率的影响。F检验判断是否采用固定效应。然后确定使用hausman检验是随机效应还是固定效应。

表10-5是利用植被覆盖度、天然林保护工程、降雨量和风

速作为解释变量，分析沙尘暴、扬沙和浮尘的面板数据结果。分析结果表明，各个因子对于沙尘天气的影响都是有显著性的，但是显著性的程度不尽相同。风速对于沙尘天气的影响是非常显著的，而降雨量影响的显著性稍微弱些（见表 10 – 5）。

表 10 – 5　以天然林保护工程为因子的面板数据分析结果

变量	沙尘暴（随机）		扬沙（随机）		浮尘（固定）	
	系数	S. E	系数	S. E	系数	S. E
植被覆盖度（%）	– 5. 32 *	2. 51	– 29. 91 ***	8. 34	– 13. 87 *	7. 05
天然林保护工程（10 万公顷）	– 2. 00 *	1. 20	– 1. 20 ***	0. 30	– 5. 10 **	1. 90
降雨量（分米）	– 0. 77 **	0. 31	– 0. 73 *	0. 35	– 1. 34 *	0. 71
风速（m/s）	11. 44 ***	1. 68	22. 74 ***	4. 14	4. 71 **	2. 05
Hausman 检验	0. 11		0. 12		0. 11	

注：＊＊＊ $p < 0.01$；＊＊ $0.01 < p < 0.05$；＊ $0.05 < p < 0.1$。

对于沙尘暴频率，当植被覆盖度每增多 1% 时，沙尘暴每年减少 5. 32 天；天然林保护工程建设面积每增加 10 万公顷时，沙尘暴每年减少 2. 0 天；降雨量每增多 1 分米时，沙尘暴每年减少 0. 77 天；风速每增多 1m/s 时，沙尘暴每年发生的日数增多 11. 44 天。

对于扬沙频率，当植被覆盖度每增多 1% 时，沙尘暴每年减少 29. 91 天；天然林保护工程建设面积每增加 10 万公顷时，沙尘暴每年减少 1. 2 天；降雨量每增多 1 分米时，沙尘暴每年减少 0. 73 天；风速每增多 1m/s 时，沙尘暴每年发生的日数增多 22. 74 天。

对于浮尘频率，当植被覆盖度每增多 1% 时，沙尘暴每年减少 13. 87 天；天然林保护工程建设面积每增加 10 万公顷时，沙尘暴每年减少 5. 1 天；降雨量每增多 1 分米时，沙尘暴每年减少 1. 34 天；风速每增多 1m/s 时，沙尘暴每年发生的日数增多 4. 71 天。

（三）退耕还林工程对沙尘天气影响

退耕还林工程对沙尘天气的分析采用的是同林业生态工程总体建设的相似的研究步骤。

表 10 - 6 是利用植被覆盖度、退耕还林工程、降雨量和风速作为解释变量，分析沙尘暴、扬沙和浮尘的面板数据结果。分析结果表明，各个因子对于沙尘天气的影响都是有显著性的，但是显著性的程度不尽相同。风速对于沙尘天气的影响是非常显著的，而降雨量影响的显著性稍微弱些（见表 10 - 6）。

表 10 - 6　以退耕还林工程为因子的面板数据分析结果

变量	沙尘暴（随机）		扬沙（随机）		浮尘（固定）	
	系数	S. E	系数	S. E	系数	S. E
植被覆盖度（％）	- 4.54 *	2.14	- 26.05 ***	8.08	- 17.77 **	7.33
退耕还林工程（10 万公顷）	- 0.60 *	0.30	- 0.90 **	0.50	- 3.10 **	1.30
降雨量（分米）	- 0.76 *	0.31	- 0.87 *	0.47	- 1.06 *	0.61
风速（m/s）	11.48 ***	1.69	24.28 ***	4.16	4.88 **	2.06
Hausman 检验	0.09		0.17		0.00	

注：* * * $p < 0.01$；* * $0.01 < p < 0.05$；* $0.05 < p < 0.1$。

对于沙尘暴频率，当植被覆盖度每增多 1％ 时，沙尘暴每年减少 4.54 天；退耕还林工程建设面积每增加 10 万公顷时，沙尘暴每年减少 0.6 天；降雨量每增加 1 分米时，沙尘暴每年减少 0.76 天；风速每增加 1m/s 时，沙尘暴每年发生的日数增多 11.48 天。

对于扬沙频率，当植被覆盖度每增多 1％ 时，沙尘暴每年减少 26.05 天；退耕还林工程建设面积每增加 10 万公顷时，沙尘暴每年减少 0.9 天；降雨量每增加 1 分米时，沙尘暴每年减少 0.87

天；风速每增加 1m/s 时，沙尘暴每年发生的日数增多 24.28 天。

对于浮尘频率，当植被覆盖度每增加 1% 时，沙尘暴每年减少 17.77 天；退耕还林工程建设面积每增加 10 万公顷时，沙尘暴每年减少 3.1 天；降雨量每增加 1 分米时，沙尘暴每年减少 1.06 天；风速每增加 1m/s 时，沙尘暴每年发生的日数增多 4.88 天。

（四）京津风沙源工程对沙尘天气的影响

京津风沙源工程对沙尘天气的分析采用的是同林业生态工程总体建设的相似的研究步骤。表 10 - 7 是利用植被覆盖度、京津风沙源工程、降雨量和风速作为解释变量，分析沙尘暴、扬沙和浮尘的面板数据结果。分析结果表明，各个因子对于沙尘天气的影响都是有显著性的，但是显著性的程度不尽相同。风速对于沙尘天气的影响是非常显著的，而降雨量影响的显著性稍微弱些（见表 10 - 7）。

表 10 - 7　以京津风沙源工程为因子的面板数据分析结果

变量	沙尘暴（随机）		扬沙（随机）		浮尘（固定）	
	系数	S. E	系数	S. E	系数	S. E
植被覆盖度（%）	- 4.78**	2.52	- 28.33***	8.52	- 12.87*	7.17
京津风沙源工程（10 万公顷）	- 1.5**	0.6	- 4.4**	1.2	- 2.6**	1.3
降雨量（分米）	- 0.64**	0.21	- 0.28*	0.17	- 0.92*	0.51
风速（m/s）	11.62***	1.69	24.25***	4.13	5.19**	2.09
Hausman 检验	0.14		0.21		0.00	

注：***　$p < 0.01$；**　$0.01 < p < 0.05$；*　$0.05 < p < 0.1$。

对于沙尘暴频率，当植被覆盖度每增加 1% 时，沙尘暴每年减少 4.78 天；京津风沙源工程建设面积每增加 10 万公顷时，沙尘暴每年减少 1.5 天；降雨量每增加 1 分米时，沙尘暴每年减少 0.64

天；风速每增加 1m/s 时，沙尘暴每年发生的日数增加 11.62 天。

对于扬沙频率，当植被覆盖度增加 1% 时，沙尘暴每年减少 28.33 天；京津风沙源工程建设面积每增加 10 万公顷时，沙尘暴每年减少 4.4 天；降雨量每增加 1 分米时，沙尘暴每年减少 0.28 天；风速每增加 1m/s 时，沙尘暴每年发生的日数增加 24.25 天。

对于浮尘频率，当植被覆盖度每增加 1% 时，沙尘暴每年减少 12.87 天；京津风沙源工程建设面积每增加 10 万公顷时，沙尘暴每年减少 2.6 天；降雨量每增加 1 分米时，沙尘暴每年减少 0.92 天；风速每增加 1m/s 时，沙尘暴每年发生的日数增加 5.19 天。

（五）主要驱动因子驱动效应 Meta 回归分析

以上分析分别从林业生态工程总体方面、天然林保护工程建设方面、"三北"防护林工程建设方面、退耕还林工程建设方面和京津风沙源工程建设方面分析了植被覆盖度、风速和降雨对沙尘天气的影响。由于分析的结果有一定的差异，因此，本研究在此基础上，对这三个因素进行了 Meta 回归分析（见表 10 - 8）。

表 10 - 8　Meta 回归结果

变量	沙尘暴		扬沙		浮尘	
	系数	S. E	系数	S. E	系数	S. E
植被覆盖度（%）	- 4.38***	1.02	- 28.43***	3.74	- 14.5***	3.25
降雨量（分米）	- 0.71***	0.13	- 0.45***	0.13	- 1.07***	0.26
风速（m/s）	11.49***	0.75	23.57***	1.85	5.00***	0.93

注：*** $p < 0.01$；** $0.01 < p < 0.05$；* $0.05 < p < 0.1$。

Meta 分析的结果表明（见表 10 - 8、图 10 - 4 至 10 - 6），植被覆盖度、降雨量和风速都会影响沙尘天气的出现（李正涛，2013）。植被覆盖度对沙尘天气的影响都是起抑制作用（李彰俊，

2008），当植被覆盖度每增加1%时，扬沙、沙尘暴和浮尘每年发生日数分别减少28.4天、4.38天和14.5天。这说明较高的植被覆盖能控制沙尘暴出现的频率。这是由于植被根系的固沙作用，能够对沙尘的流动起到抑制作用。植被覆盖度对于扬沙的抑制作用更为明显，其次是对浮尘的影响。植被覆盖度能很强地抑制扬沙和浮尘，并且要比对沙尘暴的影响更为强烈（沈松雨等，2015：34～36）。这是因为扬沙一般是小规模，在局部地区就可以发生。而沙尘暴的发生所依赖的其他环境条件更高，其影响的地理范围也更广。

降雨量对沙尘天气的影响也呈现抑制作用，当年均降雨量每增加1分米时，沙尘暴、扬沙和浮尘的每年发生日数分别减少0.71天、0.45天和1.07天。降雨导致空气中尘埃的重量增加，对沙尘团块有凝固作用，因此能够抑制沙尘暴的转移。降雨量的作用稍微弱一些。

风速对于沙尘天气的影响具有很强的促进作用。Meta分析结果表明，风速每增加1m/s时，沙尘暴、扬沙和浮尘的每年发生日数分别增加11.49天、23.57天和5天。内蒙古自治区处于草原地带，尤其是在春天的时候，风速非常大，因此对沙尘暴有非常强的影响。

综上所述，内蒙古自治区对沙尘天气的影响是多个因素相互作用引起的，是多个气候因子和地表植被状况综合作用导致的，并且沙尘天气在多个条件的作用下才会形成，如大风、沙源、不稳定热力条件等。地面大风是沙尘天气出现的根本原因，而降水和温度会影响地表状况，从而影响沙尘天气的发生和持续时间。数据分析表明，风速对沙尘天气的影响最为显著，当风速增加时，扬沙、浮尘、沙尘暴天气发生频次显著增加，两者之间存在显著的正相关性。降水因子对沙尘天气的影响表现出相反的作用，当降雨量增多时，地表湿度、空气湿度会相应增加，更利于植被的生长。土壤微粒间的凝聚力增强，地表状况变好，能使沙尘微粒的扬起程度减小，从而减少沙尘天气出现的频率（郭菊娥等，2004）。而根据已有的研究，温度对于沙尘天气的发生，不是唯一的控制因子，一方面温度的升高可能会引起土壤及大气湿度降低，一定程度上会致使沙尘天气的发生；但另一方面，温度升高会导致地面气压梯度的下降，使平均风速和大风天数都减少，沙尘天气发生的频率也会相应降低（张莉等，2003：744～750）。基于温度是一个不可控的因子，所以对于温度因子，我们在具体的定量分析中并没有过多涉及。

对林业生态工程建设与沙尘天气发生频次之间的数据相关性分析表明，工程的实施对沙尘天气的发生频次具有明显的抑制作用，林业生态工程通过提高区域植被覆盖度，不仅改良了地表的植被状况，而且在一定程度上具有涵养水源、调节气候、防风固沙等功能，能在很大程度上改善内蒙古地区的环境质量（见图10-4、图10-5、图10-6）。

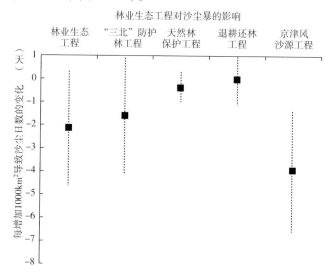

图 10-4　林业生态工程对扬沙的影响 Meta 分析

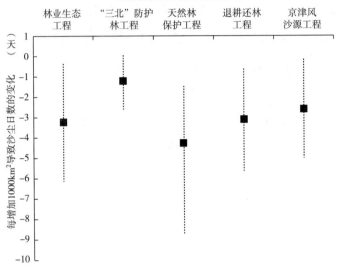

图 10 - 5　林业生态工程对浮尘的影响 Meta 分析

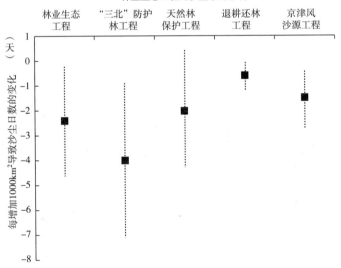

图 10 - 6　林业生态工程对沙尘暴的影响 Meta 分析

第十一章
结论与讨论

第一节

结 论

在西北半干旱区，伴随着人口增长，自然景观被人工景观代替，生境破碎，景观连通性变差，生物多样性加速下降等一系列问题出现。构建多层级的空间生态网络是维持西部半干旱区生态安全的重要保障。低层级生态源地稳定依靠高层级生态源地，高层级生态源地对于维持层级生态网络稳定具有极其重要的意义。高层级生态源地遭到破坏易影响周围低层级生态源地，以至于影响低层级生态网络稳定，引发层级网络的级联失效，导致整个网络崩溃。故本书以西北典型半干旱城市包头为研究区，在GIS空间技术的支持下，利用景观生态学原理与复杂网络理论的分析方法，提取了包头市的层级生态网络，对网络空间结构、拓扑结构进行研究得到如下主要结论。

（1）将包头市景观类型分为草地、林地、耕地、水体、建设用地、其他用地共六种景观类型。在2006～2016年10年间市域景观特征发生了显著的变化，2006～2010年其他用地景观类型的减少速度高达19.48%，10年间建设用地的增加速度从1.3%增长至2.76%，城市化进程加速导致生态景观破碎。在2010～2016年有15.19%的耕地转化为草地景观，3.79%的耕地转化为建设用地。10 年间景观变化在包头市呈现点状分布，主要分布在耕地密布、草地破碎的农业耕作区和不同景观交替的边缘。其他用地中的北部裸土地经过生态治理，面积减少，其他用地重心向东南移动 73.79km，从景观转移反映出包头市生态建设成效显著。在景观尺度上，蔓延度指数增加了 4.85，散布与并列指数、景观分割指数、香农多样性指数、香农均匀性指数、聚集度指数分别减少了 8.93、0.10、0.22、0.12、1.26。尚未形成优势景观，景观破碎度加剧。在类型尺度上，2006～1016 年草地景观的散布与并列指数、分离度指数分别减少了 15.98、1.12。建设用地的形状指数增长了 55.3，聚集度指数降低了 4.59。耕地的形状指数和分离度指数分别增加了 79.50、447.74。结合景观格局指数分析结果并进行驱动力分析，发现景观变化密集度与 NDVI 的相关性为 0.43，与 MNDWI 的相关性为 -0.33，与夜间灯光数据值的相关性为 0.11。

（2）景观生态网络空间对于维持区域生态安全具有重要作用。在现有研究基础上，精确模拟其景观生态网络空间的演化具有重要意义。本书利用 ANN 模型提取了元胞自动机的邻域规则，同时利用 MCR 模型构建累积耗费阻力面，基于 MCR - ANN - CA 模型对包头市景观生态网络空间演化情况进行模拟，结果精度较高。将 MCR - ANN - CA 模型模拟结果与 CA - Markov 模型进行对比，两种模型模拟结果的 KIA 指数分别为 0.89 和 0.87，相对误差分别为 3.10% 和 5.31%，MCR - ANN - CA 模型对包头市景观生态网络空间的演化过程具有更高的模拟精度。本书在邻域规则提取过程中，仅将不同地类在邻域中的元胞（像元）数、中心元胞景观类型作为 ANN 模型的输入，未考虑邻域中不同地类的空间结构参数（如形状指数）对中心元胞演化方向的影响，后续研究中可基于此对模型继续改进，实现更高的模拟精度。

（3）草地景观是包头市生态景观的主体，共提取 28009 个草地景观斑块，大块分布在包头市北部，中部、南部草原斑块破碎。对研究区草地按 NDVI 值共分为 12 级，等级大致从北部到南部逐渐升高。基于景观和类型尺度，进行景观格局指数计算。在景观尺度上，包头市全域内景观相似临近百分比指数、散布与并列指数较高，景观分割指数较低。在类型尺度上，1~7 级所占比例较高，斑块密度较低，聚集度指数较高。8~12 级所占比例较低，景观分割指数高，景观破碎，连通性差。根据所提取的草地景观网络，利用度及度分布评价节点度、平均路径长度、聚类系数分析生态网络的特点。发现该草地景观网络的度为 6 的草地斑块节点数量有 5 个，度最大值为 8 的节点有 2 个，平均路径长度为 1.6061，该草地景观网络具有明显的非均匀性。

（4）提取全域内所有草地、灌木林地、有林地共 37765 块，湖泊、河流等水体景观共 1893 块。选取能量因子值大于 1 的生态斑块共 784 个，并以 0.01、0.04、0.15 的比例来筛选作为第一、二、三层生态源地。根据包头市的实际情况，建立生态阻力的评价体系。构建各层生态源地的累积阻力面，并提取层次生态廊道与生态节点。在市域尺度上构成了点 - 线 - 面相互交织的层级生态网络。第一层由 8 个潜在生态源地、8 条潜在生态廊道和 7 个生态网络节点构成。第二层由 31 个潜在生态源地、35 条潜在生态廊道和 28 个生态网络节点组成。第三层由 123 个潜在生态源地、151 条潜在生态廊道和 47 个生态网络节点组成。通过计算 α、β、γ 指数对层级生态网络结构进行评价，随着生态源地与生态廊道数量增加，网络中可供物质流动的回路增多，生态源地的平均连通度变好。第二层和第三层网络中连通性高的源地比例较少。基于复杂网络中的拓扑结构分析指标，对所提取的第一、二、三层生态网络的拓扑性质进行分析。得到第一层网络平均度为2，度–度相关性为–0.3393，该层网络核数为2。第二层生态网络平均度为2.1667，度–度相关性为–0.180，该网络的核数为2，连通性均为59。第三层生态网络平均度为2.5495，该层网络聚类系数为0.1111，度–度相关性为0.1624，该层网络核数为4，网络连通性为180。第一层网络连通度最低，结构简单但重要性最高，影响整个区域内层级生态网络稳定。第三层生态网路连通性最高、结构复杂，可在小尺度上维护生境稳定。对层级生态网络进行结构鲁棒性分析。第一、二、三层生态网络的初始连接鲁棒性均为1，分别在除去26%、5%、10%的生态节点时，连接鲁棒性明显下降。节点恢复鲁棒性分别在除去42%、28%、10%的生态节点时，网络是完全可以恢复的。边恢复鲁棒性分别在除去42%、28%、10%的生态节点时，网络是完全可以恢复的。在第二、三层生态网络中，低等级源地比例较高，由于高层级源地节点稳定性较高，可维持区域大尺度生态网络稳定，低层级源地对于增强网络抗打击能力与恢复能力效果不明显。

首先对研究期内林业生态工程的总体状况及单项工程实施情况进行研究，在定性研究的基础上，采用多个数学模型定量地描述以上各个因子之间的数量关系。综合来看，随着各项林业生态工程的实施，内蒙古自治区生态系统结构发生了明显改变，森林、草地生态系统类型面积大幅度增加，土地退化趋势得到明显缓解，沙尘灾害天气发生频率显著减低。林业生态建设工程的积极效应充分显现，生态状况向着良好稳定的方向发展。

在此基础上对其转变原因进行分析，同时对当地植被覆盖时空格局的变化、典型生态环境问题的时空变化以及气象因子时空演变进行了分析。利用了数量统计学、面板数据模型等方法进行调查分析，重点在生态系统结构及变化、森林资源、生态环境问题、风沙灾害气象因子演变、林业生态建设工程对沙尘灾害天气的影响及驱动效应等方面开展了深入研究。本书在研究风沙、荒漠化以及其他环境问题的变化时，由于时间和数据的限制，主要分析了生态工程对环境变化造成的影响，但环境问题变化是多个因素共同作用的结果，不能忽视。主要结论如下。

（1）在自然环境差的区域，林业生态工程投入较多，建设面积较大，而生态基底较好的地区，相应的投入则较少。林业生态工程建设规模与森林覆盖率呈正相关关系，而与扬沙、浮尘、沙尘暴的发生频率呈负相关关系。随着工程实施与推进，森林覆盖率不断增大，沙尘天气发生频率则迅速下降。

（2）2000~2010年，内蒙古自治区生态系统结构发生了明显变化，其中森林生态系统面积增加较大，农田生态系统面积有一定缩小，耕地的开发和农业生产活动等可能对土地荒漠化加剧存在明显推动。从相关系数大小可以看出，土地生态状况的改善与各项林业生态工程的综合作用关系密切。

（3）森林结构和资源状况发生明显变化，东部地区森林以混交林为主体，西部则以灌木林为主体。全区森林覆盖率、森林蓄积量、植被覆盖度明显增加，全区森林覆盖率增加了8%，受天然林保护工程实施推动，东部地区森林蓄积量增加明显，西部地区植被覆盖度明显提高。

（4）随着林业生态工程的实施，内蒙古土地荒漠化、土地沙化、土壤侵蚀程度和强度均有明显降低，年均风速呈现降低态势，扬沙、浮尘、沙尘暴灾害天气发生频率显著减少，整体气候环境表现出一定"暖湿化"特征。

（5）土地生态状况的改善与各项林业生态工程的开展两者综合作用密不可分，林业生态工程建设规模与森林覆盖率呈正相关关系。其中退耕还林（草）工程对土地荒漠化、土地沙化面积降低的影响最大，也是减少沙尘天气的重要途径之一。

（6）林业生态工程全面实施以来，内蒙古地区林业生态环境改善程度最大，东部地区也得到相应改善。通过林业生态工程建设的实施，内蒙古生态环境的改善取得很高的成效。NDVI、林业生态工程、降雨量和风速对沙尘天气发生日数具有显著影响。

第二节

讨　论

林业生态建设工程涉及布局、规模、投入、效益等多个方面，其生态环境效应也是多层次的、极为复杂的。内蒙古是我国各项林业生态建设工程唯一全覆盖的重点省份，以该地区为研究对象具有很高的代表性。经过本书的研究，提出如下建议。

（1）加强生态系统层次上的管理。从本研究来看，大规模林业生态建设工程对生态系统类型、结构的变化影响最为明显，特别是森林、草地、荒漠等不同生态系统类型间的相互转化，对生态环境影响是明显的。因此，建议加强生态系统水平上的相关研究，从而为生态系统综合管理和规划提供重要依据。

（2）重大林业生态建设工程虽然受国家政策推动决定，但与工程实施区域社会经济、气候条件等关系密切，建议未来工程实施一定要结合实际、因地制宜，避免人定胜天。从本研究来看，林业生态工程实施布局主要受制于气候，生态改善程度取决于工程投入和有力的政策。

（3）内蒙古干旱区生态恢复与人类活动关系密切，从本研究结果来看，退耕还林（草）工程实施对沙化、荒漠化等土地退化防治具有明显的积极意义，说明受气候干旱、水资源短缺等因素制约，开发耕地和开展大规模的农业生产活动可能对北方干旱地区土地荒漠化、沙尘天气的加剧存在明显推动作用。因此，从总体来看，相对于其他治理工程，实施退耕还林（草）工程可能是防控土地荒漠化、减少沙尘天气的重要途径。

第三节

创新点

一是基于 MCR－ANN－CA 模型对包头市景观生态网络空间演化情况进行模拟，提高了景观生态网络空间演化模拟精度。

二是将能量因子用于修正最小累积耗费阻力模型，构建层级生态网络，实现了生态网络的多层次研究。

三是将复杂网络理论的分析方法引入层级生态网络的研究中，为研究生态网络层级间关系提供方法支持。

参考文献

[1] 巴雅尔、敖登高娃，2006，《基于 LUCC 的内蒙古人地关系地域系统调控模式初探》,《内蒙古师范大学学报》（哲学社会科学版）第 2 期。

[2] 白冰冰、成舜、李兰维，2003，《城市土地集约利用潜力宏观评价探讨——以内蒙古包头市为例》,《华东师范大学学报》（哲学社会科学版）第 1 期。

[3] 白丽娜，2000，《包头市稀土产业发展中的环境污染问题和治理整顿》,《稀土信息》第 11 期。

[4] 白丽娜、隋文力、林忠，2004，《白云鄂博矿在稀土和钢铁生产中放射性对周围环境的影响》,《稀土》第 4 期。

[5] 白丽娜、张利成、王灵秀，2001，《包头稀土生产带来的放射性环境污染及防治措施》,《稀土》第 1 期。

[6] 宝音、包玉海、阿拉腾图雅，2002，《内蒙古生态屏障建设与保护》,《水土保持研究》第 3 期。

[7] 蔡博峰、于嵘，2008，《景观生态学中的尺度分析方法》,《生态学报》第 5 期。

[8] 蔡广哲，2015，《湖州市生态系统格局与生态承载力演化遥感评价（2000～2014 年）》，硕士学位论文，浙江大学。

[9] 曹敏、史照良，2010，《基于遗传神经网络获取元胞自动机的转换规则》,《测绘通报》第 3 期。

[10] 常学礼、邬建国，1998，《科尔沁沙地景观格局特征分析》,

《生态学报》第 3 期。

[11] 常学礼、赵爱芬，1999，《生态脆弱带的尺度与等级特征》，《中国沙漠》第 2 期。

[12] 陈浩、周金星、陆中臣，2003，《荒漠化地区生态安全评价——以首都圈怀来县为例》，《水土保持学报》第 1 期。

[13] 陈焕珍，2005，《GIS 支持下的山东大汶河流域生态脆弱性评价及对策》，《科技情报开发与经济》第 5 期。

[14] 陈璟如，2018，《生态网络研究进展》，《产业与科技论坛》第 8 期。

[15] 陈利顶、刘洋、吕一河，2008，《景观生态学中的格局分析：现状、困境与未来》，《生态学报》第 11 期。

[16] 陈念东，2008，《私有林补贴制度设计研究》，博士学位论文，福建农林大学。

[17] 陈文波、肖笃宁、李秀珍，2002，《景观指数分类、应用及构建研究》，《应用生态学报》第 1 期。

[18] 陈晓敏、解智峰，2011，《城市土地集约利用评价及驱动力分析——以内蒙古包头市为例》，《国土资源情报》第 6 期。

[19] 陈云、戴锦芳、李俊杰，2008，《基于影像多种特征的 CART 决策树分类方法及其应用》，《地理与地理信息科学》第 2 期。

[20] 成舜、白冰冰、李兰维，2003，《包头市城市土地集约利用潜力宏观评价研究》，《内蒙古师范大学学报》（自然科学汉文版）第 3 期。

[21] 程国栋、肖笃宁、王根绪，1999，《论干旱区景观生态特征与景观生态建设》，《地球科学进展》第 1 期。

[22] 程莉、宁小莉，2014，《包头市生态城市建设中社会进步指

标评价》，《干旱区资源与环境》第 11 期。

[23] 程伟，2013，《谈经营管理水平与林业可持续发展的关系》，《林业勘查设计》第 1 期。

[24] 程晓军、张冀翔，2000，《包头市大气污染对人群健康的影响》，《环境科学研究》第 4 期。

[25] 池源、石洪华、丰爱平，2015，《典型海岛景观生态网络构建——以崇明岛为例》，《海洋环境科学》第 3 期。

[26] 褚卫东、李静，2005，《三北防护林体系建设工程示范功能与社会效益》，《绿色中国》第 1 期。

[27] 代光烁、余宝花、娜日苏，2012，《内蒙古草地生态系统服务与人类福祉研究初探》，《中国生态农业学报》第 5 期。

[28] 代维佳，2018，《应对暴雨洪涝灾害风险的汉水流域龙湾遗址保护策略研究》，硕士学位论文，华中农业大学。

[29] 代小、李百岁，2010，《基于 PSR 模型的包头市生态安全评价分析》，《内蒙古师范大学学报》（自然科学汉文版）第 3 期。

[30] 邓长宁，2013，《武陵山区生态核心区退耕还林工程效益评价与研究》，硕士学位论文，中南林业科技大学。

[31] 邓红兵、陈春娣、刘昕，2009，《区域生态用地的概念及分类》，《生态学报》第 3 期。

[32] 邓楠，1991，《九十年代中国环境科学技术的使命》，《中国科技信息》第 1 期。

[33] 丁访军，2011，《森林生态系统定位研究标准体系构建》，博士学位论文，中国林业科学研究院。

[34] 董晖，2004，《中国林业生态工程管理问题探讨》，《绿色中国》第 2 期。

［35］董晖，2006，《我国政府投资林业生态工程项目管理模式研究》，《林业资源管理》第3期。

［36］董建林、董伟利、张海峰，2003，《内蒙古自治区的荒漠化土地》，《内蒙古林业调查设计》第3期。

［37］董耀先、张光、乔宏龙，2015，《呼和浩特市荒漠化和沙化土地动态与成因分析》，《内蒙古林业调查设计》第4期。

［38］董冶、周梅英、侯丽君，2000，《谈林业生态工程建设的关键因子与发展策略》，《防护林科技》第2期。

［39］窦炳琳、张世永，2011，《复杂网络上级联失效的负载容量模型》，《系统仿真学报》第7期。

［40］樊胜岳、高新才，2000，《中国荒漠化治理的模式与制度创新》，《中国社会科学》第6期。

［41］范红科、温银维、姜羡义等，2008，《内蒙古中东部半干旱荒漠草原景观区岩屑地球化学测量的方法技术及应用效果》，《地质与勘探》第5期。

［42］范明霞，2010，《包头市环境空气质量评价及其治理对策》，《北方环境》第1期。

［43］范强、张何欣、李永化，2014，《基于空间相互作用模型的县域城镇体系结构定量化研究——以科尔沁左翼中旗为例》，《地理科学》第5期。

［44］范一大、史培军、王秀山等，2002，《中国北方典型沙尘暴的遥感分析》，《地球科学进展》第2期。

［45］冯晓晶、高志国、马朴，2011，《气象干旱指标在内蒙古干旱监测评估中的应用》，《内蒙古气象》第5期。

［46］傅伯杰，1995，《黄土区农业景观空间格局分析》，《生态学报》第2期。

［47］傅伯杰、陈利顶，1996，《景观多样性的类型及其生态意义》，《地理学报》第 5 期。

［48］傅伯杰、陈利顶、马克明等，2011，《景观生态学原理及应用》，科学出版社。

［49］傅伯杰、赵文武、陈利顶，2006，《多尺度土壤侵蚀评价指数》，《科学通报》第 16 期。

［50］傅强、宋军、毛锋，2012，《青岛市湿地生态网络评价与构建》，《生态学报》第 12 期。

［51］高洪文，1994，《生态交错带理论研究进展》，《生态学杂志》第 1 期。

［52］高军，2013，《关于我国林业生态工程建设的若干问题》，《科技创新与应用》第 31 期。

［53］高磊、杨现坤、胡海珠，2019，《重庆市退耕还林工程实施的生态和经济效益分析》，《水土保持研究》第 6 期。

［54］高琼、李建东，1996，《碱化草地景观动态及其对气候变化的响应与多样性和空间格局的关系》，《植物学报》第 1 期。

［55］官兆宁、张翼然、官辉力等，2011，《北京湿地景观格局演变特征与驱动机制分析》，《地理学报》第 1 期。

［56］龚建周、夏北成，2007，《景观格局指数间相关关系对植被覆盖度等级分类数的响应》，《生态学报》第 10 期。

［57］龚健、陈耀霖、张志，2016，《基于多分类 Logistic 回归模型的区域土地利用变化及驱动因素研究》，《湖北农业科学》第 17 期。

［58］古璠，2017，《福建省自然保护区生态网络构建研究》，硕士学位论文，福建师范大学。

［59］郭晋平，1998，《关帝山林区景观要素空间分布及其动态研

究》,《生态学报》第 4 期。

[60] 郭菊娥、王玮、郭小平，2004，《我国西北部水资源对沙尘天气的影响机理研究》,《水利经济》第 2 期。

[61] 郭俊杰，2015，《承德市林业产业发展与林业生态工程建设关系探析》,《农业与技术》第 8 期。

[62] 郭伟、赵仁鑫、张君，2011，《内蒙古包头铁矿区土壤重金属污染特征及其评价》,《环境科学》第 10 期。

[63] 郭永昌，2008，《包头市城市居住用地集约利用评价研究》,《安庆师范学院学报》（自然科学版）第 1 期。

[64] 郭永昌、张敏、秦树辉，2006，《包头市城市地域空间扩展的动力机制研究》,《干旱区资源与环境》第 5 期。

[65] 韩博平，1993，《生态网络分析的研究进展》,《生态学杂志》第 6 期。

[66] 韩俊丽、段文阁、李百岁，2005，《基于 SD 模型的干旱区城市水资源承载力模拟与预测——以包头市为例》,《干旱区资源与环境》第 4 期。

[67] 韩轶、李吉跃、高润宏，2005，《包头市城市绿地现状评价》,《北京林业大学学报》第 1 期。

[68] 好斯巴雅尔、张佳佳，2018，《浅析强化林业生态工程建设的策略》,《现代园艺》第 2 期。

[69] 何翠，2019，《林业生态工程建设与天然林保护思路》,《农业开发与装备》第 8 期。

[70] 何丹、周璟、高伟等，2014，《基于 CA – Markov 模型的滇池流域土地利用变化动态模拟研究》,《北京大学学报》（自然科学版）第 6 期。

[71] 何振荣，2020，《林业生态建设与林下经济协调发展途径探

析》,《农业与技术》第 1 期。

[72] 贺新春,2007,《生态伦理视角下的生态农业建设》,《安徽农业科学》第 8 期。

[73] 胡碧松、张涵玥,2018,《基于 CA - Markov 模型的鄱阳湖区土地利用变化模拟研究》,《长江流域资源与环境》第 6 期。

[74] 胡巍巍、王根绪、邓伟,2008,《景观格局与生态过程相互关系研究进展》,《地理科学进展》第 1 期。

[75] 胡德秀、周孝德、米艳芳,2011,《基于风险因子层次分析法的生态环境需水量模糊神经网络模型》,《西安建筑科技大学学报》(自然科学版)第 2 期。

[76] 黄冬蕾,2016,《城市绿色生态网络构建策略研究》,硕士学位论文,北京林业大学。

[77] 黄静、崔胜辉、李方一等,2011,《厦门市土地利用变化下的生态敏感性》,《生态学报》第 24 期。

[78] 黄聚聪、赵小锋、唐立娜等,2012,《城市化进程中城市热岛景观格局演变的时空特征——以厦门市为例》,《生态学报》第 2 期。

[79] 黄益斌、朱德明,1999,《太湖生态脆弱性特征与消除对策的初步探讨》,《湖泊科学》第 4 期。

[80] 黄勇,2013,《关岭县森林资源动态变化分析与评价》,《安徽农业科学》第 12 期。

[81] 黄玉敏,2014,《湖北省人口年龄结构对经济增长的影响及对策研究》,硕士学位论文,武汉理工大学。

[82] 霍晓君、潘彦昭、张利雯等,2006,《加权和分析法在生态城市发展中的协调度评价》,《干旱区资源与环境》第 1 期。

［83］ 贾程、张震、张毅，2018，《城市景观格局演变对区域环境影响的研究进展》，《四川林勘设计》第 2 期。

［84］ 江振蓝、沙晋明，2008，《植被生态环境遥感本底值研究——以福州市为例》，《福建师范大学学报》（自然科学版）第 4 期。

［85］ 姜磊、柏玲，2014，《空间面板模型的进展：一篇文献综述》，《广西财经学院学报》第 6 期。

［86］ 蒋齐、李生宝、范聪等，1999，《宁夏土地沙质荒漠化及其防治对策》，《干旱区资源与环境》第 2 期。

［87］ 蒋勇军、袁道先、况明生，2004，《典型岩溶流域景观格局动态变化——以云南小江流域为例》，《生态学报》第 12 期。

［88］ 靳毅、蒙吉军，2011，《生态脆弱性评价与预测研究进展》，《生态学杂志》第 11 期。

［89］ 靳永峰、周彦平，2010，《包头市黄河湿地保护与建设探讨》，《北方农业学报》第 1 期。

［90］ 孔繁花、尹海伟，2007，《济南城市绿地生态网络构建》，《生态学报》第 4 期。

［91］ 黎夏、叶嘉安，2005，《基于神经网络的元胞自动机及模拟复杂土地利用系统》，《地理研究》第 1 期。

［92］ 李斌、张金屯，2010，《黄土高原草原景观斑块形状的指数和分形分析》，《草地学报》第 2 期。

［93］ 李福荣、续九如、周建华，2005，《城市道路绿化树种综合评价》，《中国城市林业》第 3 期。

［94］ 李光耀，2009，《基于景观生态学的社区生态网络构建与空间结构研究》，硕士学位论文，东北大学。

［95］ 李红丽、谷雨、董智，2011，《内蒙古呼和浩特市沙尘天气

变化规律及防治对策》，《中国环境监测》第 1 期。

[96] 李景平，2007，《苏尼特荒漠草原景观动态研究》，硕士学位论文，中国农业科学院。

[97] 李景平、刘桂香、马治华等，2006，《荒漠草原景观格局分析——以苏尼特右旗荒漠草原为例》，《中国草地学报》第 5 期。

[98] 李琳，2010，《生态网络城镇研究》，硕士学位论文，河北师范大学。

[99] 李然，2010，《城镇绿地生态网络模式研究》，硕士学位论文，北京林业大学。

[100] 李新琪，2008，《干旱区内陆湖泊流域景观格局变化及其对生态环境的影响》，《干旱环境监测》第 4 期。

[101] 李雪冬、杨广斌、张旭亚等，2014，《基于 RS 和 GIS 的喀斯特山区生态系统构成与格局及转化分析——以贵州毕节地区为例》，《中国岩溶》第 1 期。

[102] 李永霞、方江平，2011，《西藏雅鲁藏布江中游地区土地沙化面积变化分析》，《贵州农业科学》第 12 期。

[103] 李彰俊，2008，《内蒙古中西部地区下垫面对沙尘暴发生发展的影响研究》，博士学位论文，南京信息工程大学。

[104] 李正涛，2013，《京津冀地区沙尘活动及其对城市大气环境的影响》，博士学位论文，河北师范大学。

[105] 李中才、徐俊艳、吴昌友等，2011，《生态网络分析方法研究综述》，《生态学报》第 18 期。

[106] 梁晓磊，2009，《赤峰市农产品比较优势研究》，硕士学位论文，内蒙古农业大学。

[107] 林荣标，2016，《连城县林地景观类型时空演变特征分析》，《安徽农学通报》第 19 期。

［108］ 刘滨谊、王鹏，2010，《绿地生态网络规划的发展历程与中国研究前沿》，《中国园林》第 3 期。

［109］ 刘纲等，2010，《内蒙古包头市哈达门沟金矿田构造控矿规律及成矿预测》，《矿床地质》第 S1 期。

［110］ 刘耕源、杨志峰、陈彬，2008，《基于能值分析的城市生态系统健康评价——以包头市为例》，《生态学报》第 4 期。

［111］ 刘海龙，2007，《作为空间规划工具的生态网络导则》，《中国勘察设计》第 12 期。

［112］ 刘吉善，2018，《浅议现代林业生态工程项目施工管理》，《经济管理》（全文版）。

［113］ 刘敬杰、夏敏、刘友兆等，2018，《基于多智能体与 CA 结合模型分析的农村土地利用变化驱动机制》，《农业工程学报》第 6 期。

［114］ 刘君、郭华良、刘福亮等，2013，《包头地区大气降水变化特征浅析》，《干旱区资源与环境》第 5 期。

［115］ 刘林福、胡禄业，2002，《林业发展所面临的形势及国民经济发展对林业的需求分析》，《内蒙古林业调查设计》第 1 期。

［116］ 刘茂松、张明娟，2004，《景观生态学——原理与方法》，北京工业出版社。

［117］ 刘珉，2014，《森林资源变动及其影响因素研究》，《林业经济》第 1 期。

［118］ 刘平、汤万金、胡聃，2003，《露天煤矿生态系统脆弱性评价方法研究》，《中国人口·资源与环境》第 2 期。

［119］ 刘世梁、侯笑云、尹艺洁，2017，《景观生态网络研究进展》，《生态学报》第 12 期。

[120] 刘淑珍、柴宗新、范建容，2000，《中国土地荒漠化分类系统探讨》，《中国沙漠》第 1 期。

[121] 刘颂、郭菲菲，2010，《我国景观格局研究进展及发展趋势》，《东北农业大学学报》第 6 期。

[122] 刘孝国、郄瑞卿、董军，2012，《基于马尔可夫模型的吉林市土地利用变化预测》，《中国农学通报》第 29 期。

[123] 刘艳军，2014，《关于加快当前林业生态工程建设的思考》，《科技创新与应用》第 13 期。

[124] 刘宇、杜兵、王立清，2008，《包头市城市园林绿化生态效益定量评价》，《国土绿化》第 8 期。

[125] 刘振露，2019，《贵州省石漠化地区林业生态治理与林业产业协调发展模式研究》，《林业调查规划》第 4 期。

[126] 刘正佳、于兴修、李蕾等，2011，《基于 SRP 概念模型的沂蒙山区生态环境脆弱性评价》，《应用生态学报》第 8 期。

[127] 刘枝军、王宏卫、杨胜天等，2018，《极端干旱区绿洲生态用地规划》，《生态学报》第 22 期。

[128] 刘忠梅、赵明、刘润民等，2005，《包头市水资源承载力分析及持续利用研究》，《内蒙古师范大学学报》（自然科学汉文版）第 2 期。

[129] 卢德彬、毛婉柳、禹真等，2016，《基于改进 MCR 模型的山区农村居民点空间增长模拟研究》，《水土保持研究》第 5 期。

[130] 卢晶晶，2006，《2004～2005 年春季东亚沙尘天气定量分析研究》，硕士学位论文，南京信息工程大学。

[131] 陆宏芳、沈善瑞、陈洁等，2005，《生态经济系统的一种整合评价方法：能值理论与分析方法》，《生态环境学报》

第 1 期。

[132] 吕安民、李成名、林宗坚，2003，《人口密度的空间连续分布模型》，《测绘学报》第 4 期。

[133] 吕东、王云才，2014，《基于生态圈层结构的区域生态网络规划——以烟台市福山南部地区为例》，《中国风景园林学会》。

[134] 罗明、张惠远，2002，《土地整理及其生态环境影响综述》，《资源科学》第 2 期。

[135] 麻雪楠、李贺，2009，《森林生态效益补偿机制的误区及其未来设想》，《中小企业管理与科技》第 1 期。

[136] 马鹏起、高永生、徐来自，2009，《包头白云鄂博资源的综合利用与环境保护》，《决策咨询》第 2 期。

[137] 马骏、李昌晓、魏虹等，2015，《三峡库区生态脆弱性评价》，《生态学报》第 21 期。

[138] 毛健、赵红东、姚婧婧，2011，《人工神经网络的发展及应用》，《电子设计工程》第 24 期。

[139] 蒙吉军、吴秀芹，2004，《包头市旅游资源及其空间结构评价》，《干旱区资源与环境》第 4 期。

[140] 孟天琦，2014，《西北生态脆弱区生态补偿法律机制研究》，硕士学位论文，兰州理工大学。

[141] 孟雪峰、孙永刚、云静波等，2011，《内蒙古大雪的时空分布特征》，《内蒙古气象》第 1 期。

[142] 穆少杰、李建龙、陈奕兆等，2012，《2001—2010 年内蒙古植被覆盖度时空变化特征》，《地理学报》第 9 期。

[143] 那玉林，2013，《内蒙古自治区区域协调问题与对策研究》，《湖北农业科学》第 2 期。

［144］宁小莉，2009，《包头市城市生态环境质量评价》，《阴山学刊》（自然科学版）第 1 期。

［145］宁小莉，2010，《基于层次分析法的包头市城市生态环境质量评价指标体系构建》，《安徽农业科学》第 4 期。

［146］宁小莉、秦树辉、包玉海，2005，《包头市城市生态支持系统可持续发展的限制因子探讨》，《人文地理》第 6 期。

［147］牛文元，1989，《生态环境脆弱带 ECOTONE 的基础判定》，《生态学报》第 2 期。

［148］欧阳志云、王效科、苗鸿，2000，《中国生态环境敏感性及其区域差异规律研究》，《生态学报》第 1 期。

［149］潘泓君，2018，《成都市及其城市小区景观格局对热环境的影响研究》，硕士学位论文，四川师范大学。

［150］潘金志、黄旺生，2013，《关于林业生态环境保护的若干哲学思考》，《林业经济问题》第 2 期。

［151］潘竟虎、刘晓，2015，《基于空间主成分和最小累积阻力模型的内陆河景观生态安全评价与格局优化——以张掖市甘州区为例》，《应用生态学报》第 10 期。

［152］潘庆民、薛建国、陶金等，2018，《中国北方草原退化现状与恢复技术》，《科学通报》第 17 期。

［153］庞立东、刘桂香，2010，《近二十年内蒙古西乌珠穆沁草原景观结构变化及驱动力浅析》，《干旱区资源与环境》第 10 期。

［154］彭建、王仰麟、张源等，2006，《土地利用分类对景观格局指数的影响》，《地理学报》第 2 期。

［155］乔慧，2005，《丘陵山区县域耕地资源变化及驱动力研究——以湖北省咸宁市咸安区为例》，《河南农业科学》第

7 期。

[156] 乔青、高吉喜、王维等，2008，《生态脆弱性综合评价方法与应用》，《环境科学研究》第 5 期。

[157] 乔轶华，2018，《大力推广抗旱造林技术促进林业生态工程建设》，《农业与技术》第 8 期。

[158] 邱玉珺、牛生杰、邹学勇等，2008，《北京沙尘天气成因概率研究》，《自然灾害学报》第 2 期。

[159] 曲艺、陆明，2016，《生态网络规划研究进展与发展趋势》，《城市发展研究》第 8 期。

[160] 商春生，2016，《探讨林业生态环境建设及其可持续发展》，《农民致富之友》第 22 期。

[161] 商彦蕊，2000，《自然灾害综合研究的新进展——脆弱性研究》，《地域研究与开发》第 2 期。

[162] 邵景力、崔亚莉、李慈君，2003，《包头市地下水—地表水联合调度多目标管理模型》，《资源科学》第 4 期。

[163] 邵全琴、樊江文、刘纪远等，2016，《三江源生态保护和建设一期工程生态成效评估》，《地理学报》第 1 期。

[164] 邵全琴、刘纪远、黄麟等，2013，《2005—2009 年三江源自然保护区生态保护和建设工程生态成效综合评估》，《地理研究》第 9 期。

[165] 申俊峰、李胜荣、孙岱生等，2004，《固体废弃物修复荒漠化土壤的研究——以包头地区为例》，《土壤通报》第 3 期。

[166] 沈烽、黄睿、曾巾，2016，《分子生态网络分析研究进展》，《环境科学与技术》第 S1 期。

[167] 沈洁、李耀辉、朱晓炜，2010，《西北地区气候与环境变

化影响沙尘暴的研究进展》,《干旱气象》第 4 期。

[168] 沈松雨、陈卫林，2015，《沙尘暴源区植被覆盖度变化——以北京为例》,《中国科技信息》第 15 期。

[169] 石琳，2008，《纵向数据处理中的异方差分析》，硕士学位论文，山东科技大学。

[170] 宋磊、陈笑扬、李小丽等，2018，《基于 CA - Markov 模型的长沙市望城区土地利用/覆盖变化预测》,《国土资源导刊》第 2 期。

[171] 宋阳光、邱雪，2018，《探讨林业生态工程安全管理对策》,《新农村：黑龙江》第 21 期。

[172] 宋翀，2014，《林业生态工程建设的关键因素及其发展策略》,《民营科技》第 2 期。

[173] 宋治清、王仰麟，2004，《城市景观及其格局的生态效应研究进展》,《地球科学进展》第 2 期。

[174] 苏常红、傅伯杰，2012，《景观格局与生态过程的关系及其对生态系统服务的影响》,《自然杂志》第 5 期。

[175] 苏宁，2018，《沂河流域土地利用景观格局变化对年径流量的影响》，硕士学位论文，山东师范大学。

[176] 孙玮健、张荣群、艾东等，2017，《基于元胞自动机模型的土地利用情景模拟与驱动力分析》,《农业机械学报》第 S1 期。

[177] 孙武，1995，《人地关系与脆弱带的研究》,《中国沙漠》第 4 期。

[178] 孙旭丹、张立亭、罗亦泳等，2018，《基于 SD 和 CA 模型的土地资源配置策略研究——以鄱阳湖生态经济区为例》,《东华理工大学学报》（社会科学版）第 1 期。

[179] 唐华俊、吴文斌、杨鹏等，2009，《土地利用/土地覆被变化（LUCC）模型研究进展》，《地理学报》第4期。

[180] 唐宽鹏、杨会杰，2017，《基于复杂网络的层次性研究》，《物流工程与管理》第9期。

[181] 陶涛，2012，《井工煤矿开采生态环境影响评价指标体系研究及实例分析》，硕士学位论文，合肥工业大学。

[182] 田光进、张增祥、张国平等，2002，《基于遥感与GIS的海口市景观格局动态演化》，《生态学报》第7期。

[183] 田静、邢艳秋、姚松涛等，2017，《基于元胞自动机和BP神经网络算法的Landsat–TM遥感影像森林类型分类比较》，《林业科学》第2期。

[184] 汪秉宏、周涛、王文旭，2008，《当前复杂系统研究的几个方向》，《复杂系统与复杂性科学》第4期。

[185] 汪子栋，2014，《安徽省血防林工程建设及综合效益评价》，硕士学位论文，安徽农业大学。

[186] 王建革，2006，《定居游牧、草地景观与东蒙社会政治的构建（1950—1980）》，《南开学报》（哲学社会科学版）第5期。

[187] 王金艳，2006，《沙尘模式优化与东亚沙尘天气量化分级研究》，博士学位论文，兰州大学。

[188] 王津港，2009，《动态面板数据模型估计及其内生结构突变检验理论与应用》，博士学位论文，华中科技大学。

[189] 王经民、汪有科，1996，《黄土高原生态环境脆弱性计算方法探讨》，《水土保持通报》第3期。

[190] 王馗、王金龙、肖更生等，2019，《我国森林生态安全认知度分析——基于728位县域林业管理人员问卷调查》，

《林业调查规划》第 3 期。

[191] 王美红、孙根年、康国栋，2008，《新疆植被覆盖与土地退化关系及空间分异研究》，《农业系统科学与综合研究》第 2 期。

[192] 王鹏、王亚娟、刘小鹏等，2018，《干旱区生态移民土地利用景观格局变化分析——以宁夏红寺堡区为例》，《干旱区资源与环境》第 12 期。

[193] 王祺、蒙吉军、毛熙彦，2014，《基于邻域相关的漓江流域土地利用多情景模拟与景观格局变化》，《地理研究》第 6 期。

[194] 王让会、游先祥，2000，《西部干旱区内陆河流域脆弱生态环境研究进展——以新疆塔里木河流域为例》，《地球科学进展》第 1 期。

[195] 王宪成，2004，《吉林省西部可持续发展与森林生态网络建设》，《吉林林业科技》第 1 期。

[196] 王宪礼、肖笃宁，1997，《辽河三角洲湿地的景观格局分析》，《生态学报》第 3 期。

[197] 王晓栋，1999，《运用 3S 技术建立包头市郊区县土地利用动态监测数据库》，《遥感技术与应用》第 2 期。

[198] 王晓栋、崔伟宏，1999，《县级土地利用动态监测技术系统研究——以包头市郊区县为例》，《自然资源学报》第 3 期。

[199] 王鑫，2015，《包头市工业企业环境污染管理问题与对策研究》，硕士学位论文，内蒙古大学。

[200] 王学雷，2001，《江汉平原湿地生态脆弱性评估与生态恢复》，《华中师范大学学报》（自然科学版）第 2 期。

［201］ 王仰麟，1998，《农业景观格局与过程研究进展》，《环境工程学报》第 2 期。

［202］ 王玉洁、李俊祥、吴健平等，2006，《上海浦东新区城市化过程景观格局变化分析》，《应用生态学报》第 1 期。

［203］ 王玉莹、金晓斌、沈春竹等，2019，《东部发达区生态安全格局构建——以苏南地区为例》，《生态学报》第 7 期。

［204］ 韦春竹、郑文锋、孟庆岩等，2014，《基于元胞自动机的遗传神经网络在土地利用变化模拟分析中的应用》，《测绘工程》第 1 期。

［205］ 魏伟，2018，《基于 CLUE－S 和 MCR 模型的石羊河流域土地利用空间优化配置研究》，博士学位论文，兰州大学。

［206］ 魏伟、石培基、雷莉等，2014，《基于景观结构和空间统计方法的绿洲区生态风险分析——以石羊河武威、民勤绿洲为例》，《自然资源学报》第 12 期。

［207］ 魏轩、周立华、韩张雄等，2020，《生态脆弱区生态工程效益评价的比较研究》，《生态学报》第 1 期。

［208］ 文剑平、计文瑛、张壬午，1993，《试论我国典型生态脆弱带生态环境的治理与保护》，《农业环境科学学报》第 3 期。

［209］ 乌云塔娜，2013，《内蒙古自治区各盟市人均 GDP 空间关联分析——基于探索性空间数据分析（ESDA）技术》，《阴山学刊》（自然科学版）第 4 期。

［210］ 吴晶晶，2018，《黄河三角洲自然湿地生态网络构建》，硕士学位论文，中国科学院大学（中国科学院烟台海岸带研究所）。

［211］ 吴月仙、张俭卫、崔友君，2006，《论我国林业生态工程

的现状与对策》，《防护林科技》第 1 期。

[212] 许涛、彭会清、林忠，2010，《稀土固体废物的成因、成分分析及综合利用》，《稀土》第 2 期。

[213] 杨帆，2015，《我国六大林业工程建设地理地带适宜性评估》，硕士学位论文，兰州交通大学。

[214] 杨明德，1990，《论喀斯特环境的脆弱性》，《云南地理环境研究》第 1 期。

[215] 杨勤业、张镱锂、李国栋，1992，《中国的环境脆弱形势和危急区域》，《地理研究》第 4 期。

[216] 杨斯玲，2012，《国家商品粮基地防护林规划设计管理研究》，博士学位论文，天津大学。

[217] 杨艳霞，2014，《内蒙古生态补偿的可持续性研究》，硕士学位论文，内蒙古大学。

[218] 姚瑶，2015，《包头市旅游业发展战略研究》，硕士学位论文，西北农林科技大学。

[219] 叶玉瑶、苏泳娴、张虹鸥等，2014，《生态阻力面模型构建及其在城市扩展模拟中的应用》，《地理学报》第 4 期。

[220] 于春艳，2006，《赤峰地区沙尘天气变化的分析研究》，硕士学位论文，兰州大学。

[221] 于国茂，2011，《锡林郭勒盟生态系统时空变化及其驱动机制》，硕士学位论文，山东师范大学。

[222] 于佳生，2015，《包头市生态城市评价及对策研究》，硕士学位论文，内蒙古科技大学。

[223] 于明明、曾永年，2018，《顾及地类转换差异的城市空间扩展元胞自动机模型及应用研究》，《地球信息科学学报》第 1 期。

［224］ 于强、杨澜、岳德鹏等，2018，《基于复杂网络分析法的空间生态网络结构研究》，《农业机械学报》第3期。

［225］ 于强、岳德鹏、Yang，2016，《基于EnKFng，析法模型的生态用地扩张模拟研究》，《农业机械学报》第9期。

［226］ 于守超、辛燕、刘娟，2011，《城市景观格局研究进展》，《农业科技与信息（现代园林)》第11期。

［227］ 于志兵，2013，《云南省农村金融资源配置效率研究》，硕士学位论文，中南林业科技大学。

［228］ 余雁，2009，《我国环境审计问题探析》，硕士学位论文，江西财经大学。

［229］ 袁保惠、吕志远、徐冰等，2004，《污水灌溉的发展与利用》，《内蒙古水利》第4期。

［230］ 臧玉环，2012，《建设现代生态林业工程问题初探》，《黑龙江科技信息》第12期。

［231］ 曾辉、高凌云、夏洁，2002，《基于修正的转移概率方法进行城市景观动态研究——以南昌市区为例》，《生态学报》第11期。

［232］ 曾明华，2010，《区域交通网络层次性与优化设计研究》，博士学位论文，中南大学。

［233］ 詹秀娟，2011，《当代科技发展生态建构的伦理路向》，《社会科学家》第11期。

［234］ 张灿亭、江凌，2006，《江苏省对外贸易与经济增长关系的实证分析》，《国际贸易问题》第6期。

［235］ 张冲、赵景波，2008，《我国西北近50年春季沙尘暴活动的变化与气候因子相关性研究》，《干旱区资源与环境》第8期。

［236］张刚，2006，《沙尘天气的地基数字监测》，硕士学位论文，东北师范大学。

［237］张阁、张晋石，2018，《德国生态网络构建方法及多层次规划研究》，《风景园林》第 4 期。

［238］张国防、陈瑞炎，2000，《闽江流域洪灾与生态环境脆弱性研究》，《水土保持通报》第 4 期。

［239］张宏斌、杨桂霞、黄青等，2009，《呼伦贝尔草甸草原景观格局时空演变分析——以海拉尔及周边地区为例》，《草业学报》第 1 期。

［240］张建春，2009，《基于 RS 和 GIS 的天祝县草原景观空间格局分析与生态环境质量评价》，硕士学位论文，甘肃农业大学。

［241］张建春、张学通、陈全功，2009，《基于 RS 和 GIS 的天祝县草原景观空间格局分析》，《草业科学》第 8 期。

［242］张建龙，2010，《内蒙古林业建设成效显著》，《内蒙古林业》第 10 期。

［243］张洁、蔡逸涛、杨强，2018，《基于 CA－SVM 模型的莆田市城市扩张特征》，《南京林业大学学报》（自然科学版）第 4 期。

［244］张金屯、邱扬、郑凤英，2000，《景观格局的数量研究方法》，《山地学报》第 4 期。

［245］张军，2008，《网络信息生态失衡的层次特征透析》，《图书馆学研究》第 7 期。

［246］张军驰，2012，《西部地区生态环境治理政策研究》，博士学位论文，西北农林科技大学。

［247］张蕾、苏里、汪景宽等，2014，《基于景观生态学的鞍山

市生态网络构建》,《生态学杂志》第 5 期。

［248］张莉、任国玉，2003，《中国北方沙尘暴频数演化及其气候成因分析》,《气象学报》第 6 期。

［249］张力小，2010，《关于重大生态建设工程系统整合的思考》,《2010 中国环境科学学会学术年会论文集（第二卷）》。

［250］张丽娟、郑红、华德尊等，2002，《黑龙江省沙尘天气发生规律及环境因子分析》,《农业环境科学学报》第 6 期。

［251］张凌、王向阳，2002，《呼伦贝尔草原景观的单调性及其弥补》,《呼伦贝尔学院学报》第 6 期。

［252］张龙生，2009，《落实科学发展　实现生态文明》,《发展》第 4 期。

［253］张蒙蒙、杨凯悦、周汝良，2015，《古林箐自然保护区生态系统格局动态变化研究》,《安徽农业科学》第 31 期。

［254］张敏，2011，《包头市城市建设用地扩展研究》，硕士学位论文，内蒙古师范大学。

［255］张明，2000，《榆林地区脆弱生态环境的景观格局与演化研究》,《地理研究》第 1 期。

［256］张璞，2009，《基于指标法和主成分分析法的地区优势产业选择与评价》,《天津商业大学学报》第 4 期。

［257］张启斌、岳德鹏、于强，2017，《磴口县景观格局 AES - LPI - CA 模型演化模拟》,《农业机械学报》第 5 期。

［258］张启斌、岳德鹏、于强等，2017，《林业生态工程建设对磴口县景观格局演变及重心迁移的影响》,《浙江农业学报》第 2 期。

［259］张秋菊、傅伯杰、陈利顶，2003，《关于景观格局演变研

究的几个问题》,《地理科学》第 3 期。

[260] 张秋颖,2014,《基于 3S 技术的赛罕乌拉荒漠化土地动态变化研究》,硕士学位论文,内蒙古农业大学。

[261] 张晓光、杜家喻,2006,《包头市矿山生态环境保护与恢复治理措施的探讨》,《内蒙古科技与经济》第 3 期。

[262] 张妍、郑宏媚、陆韩静,2017,《城市生态网络分析研究进展》,《生态学报》第 12 期。

[263] 张玉虎,2008,《流域典型区土地利用/覆被变化与生态安全格局构建分析》,博士学位论文,新疆大学。

[264] 张志安、束开荣,2016,《微信舆论研究:关系网络与生态特征》,《新闻记者》第 6 期。

[265] 赵炳秋、李岩、雷占礼,2008,《对包头市城市建设用地扩展模式的几点思考》,《内蒙古科技与经济》第 11 期。

[266] 赵春燕、李际平、郑柳,2014,《"森林景观斑块耦合体"的构建研究》,《中南林业科技大学学报》第 7 期。

[267] 赵桂久、刘燕华、赵名茶,1993,《生态环境综合整治与恢复技术研究 (第一集)》,北京科学技术出版社。

[268] 赵桂久、刘燕华、赵名茶,1995,《生态环境综合整治与恢复技术研究——退化生态系统综合整治、恢复与重建示范工程技术研究 (第二集)》,北京科学技术出版社。

[269] 赵军、魏伟、冯翠芹,2008,《天祝草原景观格局分析及景观利用格局优化》,《资源科学》第 2 期。

[270] 赵庆建、温作民、张华明等,2011,《复杂生态系统网络:生态与社会经济过程集成研究的新视角》,《生态经济》第 11 期。

[271] 赵永强,2019,《对景观生态学发展趋势与瓶颈问题的再

认识》,《江苏科技信息》第 1 期。

[272] 赵跃龙、刘燕华,1996a,《脆弱生态环境与工业化的关系》,《经济地理》第 2 期。

[273] 赵跃龙、刘燕华,1996b,《中国脆弱生态环境分布及其与贫困的关系》,《地球科学进展》第 3 期。

[274] 甄江红、成舜、郭永昌等,2004,《包头市工业用地土地集约利用潜力评价初步研究》,《经济地理》第 2 期。

[275] 郑浩原、黄战,2011,《复杂网络社区挖掘——改进的层次聚类算法》,《微型机与应用》第 16 期。

[276] 郑洁玮,2011,《浅议广东省林业生态建设的可持续发展》,《科学技术创新》第 1 期。

[277] 钟莉娜、郭旭东、赵文武等,2014,《内蒙古鄂尔多斯市达拉特旗土地利用结构变化对生态系统服务价值的影响》,《中国土地科学》第 10 期。

[278] 周东伟,2008,《大青山油松人工林水分平衡特征研究》,硕士学位论文,内蒙古农业大学。

[279] 周华荣、海热提·涂尔逊、汤平,2001,《乌鲁木齐景观生态功能区划及生态调控研究》,《干旱区地理》(汉文版)第 4 期。

[280] 周金艳,2011,《在 ERDAS IMAGINE 中建立邯郸市 TM 影像土地类型解译标志》,《绿色科技》第 6 期。

[281] 周劲松,1997,《山地生态系统的脆弱性与荒漠化》,《自然资源学报》第 1 期。

[282] 周秦,2011,《基于"生态网络"理念的盐城生态空间体系构建》,《转型与重构——2011 中国城市规划年会论文集》。

［283］ 周炎，2010，《基于层次化结构的复杂网络可视化研究》，硕士学位论文，上海交通大学。

［284］ 朱震达，1991，《中国的脆弱生态带与土地荒漠化》，《中国沙漠》第 4 期。

［285］ 宗跃光，1999，《城市景观生态规划中的廊道效应研究》，《生态学报》第 2 期。

［286］ 邹文胜，2016，《现代生态林业工程的建设》，《农民致富之友》第 13 期。

［287］ Allen, R. G. D. , 1959, *The Theory of Value* (Palgrave Macmillan UK：Mathematical Economics）.

［288］ Barros, A. M. G. , Ager, A. A. , Day, M. A. , et al. , 2018, "Wildfires Managed for Restoration Enhance ecological-resilience," *Ecosphere.*

［289］ Birtwistle, A. N. , Laituri, M. , Bledsoe, B. , et al. , 2016, "Using NDVI to Measure Precipitation in Semi – arid Landscapes", *JArid Environ*, pp. 15 – 24.

［290］ Blasius, B. , Huppert, A. , Stone, L. , 1999, "Complex Dynamics and Phase Synchronization in Spatially Extended Ecological Systems," *Nature*, p. 354.

［291］ Bodini, A. , 2012, "Building a Systemic Environmental Monitoring and Indicators for Sustainability：What Has the Ecological Network Approach to Offer?," *Ecological Indicators*, pp. 140 – 148.

［292］ Canter, L. W. 1982, *Environmental Impact Assessment* (McGraw – Hill）, pp. 6 – 40.

［293］ Christensen, V. , Pauly, D. , 1992, "Ecopath Ⅱ – a Software for Balancing Steady – state Ecosystem Models and Calculating Network Characteristics," *Ecological Modelling*, pp. 169 – 185.

[294] Almeida, C. M. , Gleriani, J. M. , Castejon, E. F. , et al. , 2008, "Using Neural Networks and Cellular Automata for Modelling Intra – urban Land – use Dynamics," *International Journal of Geographical Information Science*, pp. 943 – 963.

[295] Costanza, R. , D'Arge, R. , Groot, R. D. , et al. , 1997, "The Value of the World's Ecosystem Services and Natural Capital," *Nature*, pp. 3 – 15.

[296] Cousins, S. A. O. , Lavorel, S. , Davies, I. , 2003, "Modelling the Effects of Landscape Pattern and Grazing Regimes on the Persistence of Plant Species with High Conservation Value in Grasslands in South – eastern Sweden," *Landscape Ecology*, pp. 315 – 332.

[297] Crowl, T. , 2008, "The Spread of Invasive Species and Infectious Disease as Drivers of Ecosystem Change," *Front Ecol Environ*.

[298] Cui, Z. H. , Yang, T. , Li, L. C. , et al. , 2013, "Study on Topology Optimization Algorithm of Power Communication Network Based on Complex Network Theory," *Applied Mechanics and Materials*, pp. 1095 – 1099.

[299] Deng, J. L. , 1982, "Control Problems of Grey Systems," *Systems & Control Letters*, pp. 288 – 294.

[300] Djuraev, K. S. , 1986, "Typical arid Regions of the USSR

and Their Intrgrated Economic Development," *D Tajik Territorial Production Unit.*

[301] Démurger, S. , Pelletier, A. , 2015, "Volunteer and Satisfied? Rural Households' Participation in a Payments for Environmental Services Programme in Inner Mongolia," *Ecological Economics*, pp. 25 – 33.

[302] Doerfliger, N. , Jeannin, P. Y. , Zwahlen, F. , 1999, "Water Vulnerabilin Karst Environments: A New Method of Defining Protection Areas Using Amulti – attribute Approach and GIS Tools (EPIK Method)," *Environmental Geology*, pp. 165 – 176.

[303] Dow, K. , 1992, "Exploring Differences in Our Common Future (s): The Meaning of Vulnerability to Global Environmental Chang," *Geoforum*, pp. 417 – 436.

[304] Ducros, C. M. , Joyce, C. B. , 2003, "Field – based Evaluation Tool for Riparian Buffer Zones in Agricultural Catchments," *Environmental Management*, pp. 252 – 267.

[305] Evans, D. D. , Thames, J. L. , 1981, *Water in Desert Ecosystems* (Dowden Hutchinson Ross) .

[306] Fang, S. M. , Jiang – Feng, L. I. , 2008, "Assessment Index System of Geological Relic Resources," *Earth Science.*

[307] Fine, B. , 2004, "The Theory of Value Still Highly Imperative: A Personal Account [in Chinese]," *European Journal of Political Research*, pp. 29 – 50.

[308] Fonseca, M. , Whitfield, P. E. , 2002, "Modeling Seagrass Landscape Pattern and Associated Ecological Attributes," *Eco-*

logical Applications, pp. 218 – 237.

[309] Forman, R. T. T., Land Mosacis, 1995, *The Ecology of Landscape and Regions* (Cambrridge University Press).

[310] Fu, B. J., Hu, C. X., Chen, L. D., et al., 2006, "Evaluating Change in Agricultural Landscape Pattern between 1980 and 2000 in the Loess Hilly Region of Ansai County, China," *Agriculture Ecosystems & Environment*, pp. 387 – 396.

[311] Gao, Z. G. Z., Jin, N. J. N., 2008, *Identification of Flow Pattern in Two – Phase Flow Based on Complex Network Theory* (Fifth International Conference on Fuzzy Systems & Knowledge Discovery IEEE Computer Society).

[312] Gardner, R. H., Milne, B. T., Turnei, M. G., et al., 1987, "Neutral models for the Analysis of Broad – scale Landscape Pattern," *Landscape Ecology*, pp. 19 – 28.

[313] Gordon, R. L., Hunsaker, C. T., ONeill, R. V., et al., 1991, "Ecological Risk Assessment at the Regional Scale," *Ecologly*, pp. 196 – 206.

[314] Gustafson, E. J., Parker, G. R., 1992, "Relationships between Landcover Proportion and Indices of Landscape Spatial Pattern," *Landscape Ecology*, pp. 101 – 110.

[315] Hannon, B., 1973, "The Structure of Ecosystems," *Journal Theoretical Biology*, pp. 535 – 546.

[316] Hansen, A. J., Urban, D. L., 1992, "Avian Response to Landscape Pattern: The Role of Species' Life Histories," *Landscape Ecology*, pp. 163 – 180.

[317] Hawbaker, T. J., Radeloff, V. C., Hammer, R. B., et

al. , 2005, "Road Density and Landscape Pattern in Relation to Housing Density, and Ownership, Land Cover, and Soils," *Landscape Ecology*, pp. 609 – 625.

[318] He, F. G. , Zhang, Y. , Zhao, S. , et al. , 2010, *Computing the Point – to – Point Shortest Path: Quotient Space Theory's Application in Complex Network* (Rough Set & Knowledge Technology – international Conference DBLP) .

[319] Hicks, J. , Allen, R. , Hicks, R. , et al. , 1934, "A Reconsideration of the Theory of Value Part I," *Economica*, pp. 52 – 76.

[320] Hicks, J. R. , Allen, R. G. D. , 1934, "A Reconsideration of the Theory of Value Part II A Mathematical Theory of Individual Demand Functions," *Economica*, pp. 196 – 219.

[321] Hopkins, R. L. , 2009, "Use of Landscape Pattern Metrics and Multiscale Data in Aquatic Species Distribution Models: A Case Study of a Freshwater Mussel," *Landscape Ecology*, pp. 943 – 955.

[322] Huang, J. , Ji, X. , He, H. , 2013, *A Model for Structural Vulnerability Analysis of Shipboard Power System Based on Complex Network Theory* (International Conference on Control Engineering & Communication Technology IEEE) .

[323] Hu Bisong, Zhang Hanyue, 2018, "Simulation of Land – use Change in Poyang Lake Region Based on Ca – markov Model," *Resources and Environment in the Yangtze Basin*, pp. 1207 – 1219.

[324] Huiwei, X. , Nianxing, Z. , Jian, G. , 2014, "The Con-

struction and Optimization of Ecological Networks Based on Natural Heritage Sites in Jiangsu Province," *Acta Ecologica Sinica.*

[325] Hunsaker, C. T., O'Neill, R. V., Jackson, B. L., et al., 1994, "Sampling to Characterize Landscape Pattern," *Landscape Ecology*, pp. 207 – 226.

[326] Iverson, L. R., 1988, "Land – Use Changes in Dlinois, USA: The Influence of Landscape Atributes on Current and Historic Land Use," *Landscape Ecology*, pp. 45 – 62.

[327] Iverson, L. R., Szafoni, D. Lv, Baum, S. E., et al., 2001, "A Riparian Wildlife Habitat Evaluation Scheme Developed Using GIS," *Environmental Management*, pp. 639 – 654.

[328] Jakli, G., Kozak, J., Krajnc, M., et al., 2008, "Barycentric Coordinates for Lagrange Interpolation over Lattices on a Simplex," *Numerical Algorithms*, pp. 93 – 104.

[329] Jiang – Bo, Z., Ying, L., 2008, "Research on Planning Model of Logistics Nodes in Strategic Supply Chain Based on Complex Network Theory," *Journal of Computational Information Systems.*

[330] Jian, Y., Shuying, B., Zhao, Q., et al., 2017, "Investigation on Law and Economics of Listed Companies' Financing Preference Based on Complex Network Theory," *PLOS ONE*, e0173514.

[331] Jin, X., Li, J., 2014, *Research on Statistical Feature of Online Social Networks Based on Complex Network Theory* (Seventh International Joint Conference on Computational Sci-

ences & Optimization IEEE）．

［332］ Joel，M. ，Podolny，2001，"Networks as the Pipes and Prisms of the Market，" *American Journal of Sociology*，pp. 33 – 60.

［333］ Jongman，R. H. G. ，Kulvik，M. ，Kristiansen，I. ，2004，"European Ecological Networks and Greenways，" *Landscape and Urban Planning*，pp. 305 – 319.

［334］ Jun，M. J. ，2004，"A Metropolitan Input – output Model: Multisectoral and Multispatial Relations of Production，Income Formation，and Consumption，" *The Annals of Regional Science*，pp. 131 – 147.

［335］ Kai，X. ，Gangqiao，Y. ，Yinying，C. ，2010，"Emergy Analysis of Farmland Ecosystems in Wuhan Based on Emergy Theory，" *Research of Agricultural Modernization*，pp. 738 – 741.

［336］ Kelly，N. M. ，2001，"Changes to the Landscape Pattern of Coastal North Carolina Wetlands under the Clean Water Act，1984 – 1992，" *Landscape Ecology*，pp. 3 – 16.

［337］ Kim，Y. H. ，2003，"New Modelling of Complex Fish Migration by Application of Chaos Theory and Neural Network，" *Journal of Fish Biology*，pp. 234 – 234.

［338］ Kindu，M. ，Schneider，T. ，Llerer，M. ，et al. ，2018，"Scenario Modelling of Land Use/Land Cover Changes in Munessa – Shashemene Landscape of the Ethiopian Highlands，" *Science of The Total Environment*，pp. 534 – 546.

［339］ Krummel，J. R. ，Gardner，R. H. ，Sugihrar，C. ，1987，"Landscape Paterns in a Disturbed Encironment，" pp. 321 – 324.

[340] Kochunoc, B., Li Guodong, 1993, "Concept and Classification of Fragile Ecology," *Progress in Geographic Science*, pp. 36 – 43.

[341] Kooistra, L., Leuven, R. S. E. W., Nienhuis, P. H., et al., 2001, "A Procedure for Incorporating Spatial Variability in Ecological Risk Assessment of Dutch River Floodplains," *Environmental Management*, pp. 359 – 373.

[342] Langford, W. T., Gergel, S. E., Dietterich, T. G., et al., 2006, "Map Misclassification Can Cause Large Errors in Landscape Pattern Indices: Examples from Habitat Fragmentation," *Ecosystems*, pp. 474 – 488.

[343] Lera, I., Toni Pérez, Guerrero, C., et al., 2017, "Analysing Human Mobility Patterns of Hiking Activities Through Complex Network Theory," *PLoS ONE*.

[344] Li, A., Wang, A., Liang, S., et al., 2006, "Eco – environmental Vulnerability Evaluation in Mountainous Region Using Remote Sensing and GIS & Mdash; A Case Study in the Upper Reaches of Minjiang River, China," *Ecological Modelling*, pp. 175 – 187.

[345] Li, G., Sun, S., Han, J., et al., 2019, "Corrigendum to 'Impacts of Chinese Grain for Green Program and Climate Change on Vegetation in the Loess Plateau during 1982 – 2015' [SciTotal Environ 660 (2019) 177 – 187]," *Science of The Total Environment*, pp. 1190 – 1191.

[346] Lisong, W., Rui, S., Zhao, Q., et al., 2018, "Study of Chinas Publicity Translations Based on Complex Network

Theory," *IEEE Access.*

[347] Liu, C. , Xu, Q. , Chen, Z. , et al. , 2012, *Vulnerability Evaluation of Power System Integrated with Large – scale Distributed Generation Based on Complex Network Theory* (Universities Power Engineering Conference IEEE).

[348] Liu, L. L. , Shu, Z. S. , Sun, X. H. , et al. , 2010, *Optimum Distribution of Resources Based on Particle Swarm Optimization and Complex Network Theory* (Final program & book of abstracts of the international conference on life system modeling & simulation & international conference on intelligent computing for sustainable energy & environment).

[349] Liu Qingchun, W. Z. , 2009, "Research on Geographical Elements of Economic Difference in China," *Geographical Research*, pp. 430 – 440.

[350] Liu, X. , Shu, J. , Zhang, L. , 2010, "Research on Applying Minimal Cumulative Resistance Model in Urban Land Ecological Suitability Assessment: As an Example of Xiamen City," *Acta Ecologica Sinica*, pp. 421 – 428.

[351] Li, Y. , Chen, B. , Yang, Z. F. , 2009, "Ecological Network Analysis for Water Use Systems—A Case Study of the Yellow River Basin," *Ecological Modelling*, pp. 3163 – 3173.

[352] Luck, M. , Wu, J. , 2002, "A Gradient Analysis of Urban Landscape Pattern: A Case Study from the Phoenix Metropolitan Region, Arizona, USA," *Landscape Ecology*, pp. 327 – 339.

[353] Lu, W. W. , Su, M. , Zhang, Y. , Yang, Z. F. , Chen,

B. , Liu, G. Y. , 2014, "Assessment of Energy Security in China Based on Ecological Network Analysis: A Perspective from the Security of Crude oil Supply," *Energy Policy*, pp. 406 – 413.

[354] Lymperopoulos, I. , Lekakos, G. , 2013, *Analysis of Social Network Dynamics with Models from the Theory of Complex A-daptive Systems* (Collaborative: Trusted and Privacy – Aware e/m – Services Springer Berlin Heidelberg).

[355] Ma, C. , Liu, H. , Zuo, D. , et al. , 2011, "Research on Key Nodes of Wireless Sensor Network Based on Complex Network Theory," *Journal of Electronics* (*China*), pp. 396 – 401.

[356] Makadok, R. , Mcwilliams, A. , Piga, C. , et al. , 2002, "The Theory of Value and the Value of Theory: Breaking New Ground Versus Reinventing the Wheel," *Academy of Management Review*, pp. 10 – 13.

[357] Manoj, K. , Sushila, D. , Priyanka, S. , et al. , 2015, "Structure Based in Silico Analysis of Quinolone Resistance in Clinical Isolates of Salmonella Typhi from India," *PLOS ONE*, e0126560 – .

[358] Mehta, M. L. , Dyson, F. J. , 1963, *Statistical Theory of the Energy Levels of Complex Systems V* (Statistical theory of the energy levels of complex systemsИзд – во ИЛ).

[359] Meng, X. , Qin, Y. , Jia, L. , 2014, "Comprehensive E-valuation of Passenger Train Service Plan Based on Complex Network Theory," *Measurement*, pp. 221 – 229.

[360] Milne, B. T. , Johnston, K. M. , Forman, F. T. T. , 1989,

"Scale – dependent Proximity of Wildlife Habitat in Spatially – neutral Baysian Model," *Landscpe Ecology*, pp. 101 – 110.

[361] Naveh, Z. , Liebervan, A. S. , 1984, *Landscape Ecology: Theory and Application* (New York; Springer – Verlag) .

[362] Nazempour, R. , Monfared, M. A. S. , Zio, E. , 2018, "A Complex Network Theory Approach for Optimizing Contamination Warning Sensor Location in Water Distribution Networks," *International Journal of Disaster Risk Reduction*.

[363] Nitsche, C. R. , Innes, J. L. , 2008, "Integrating Climate Change into Forest Management South – Central British Columbia: An Assessment of Landscape Vulnerability and Development of a Climate – smart Framework," *Forest Ecology Management*, pp. 313 – 327, 364 – 373.

[364] O'Neill, R. V. , Hunsaker, C. T. , Timmins, S. P. , et al. , 1996, "Scale Problems in Reporting Landscape Pattern at the Regional Scale," *Landscape Ecology*, pp. 169 – 180.

[365] O'Neill, R. V. , Krummel, J. R. , Gardner, R. H. , et al. , 1988, "Indices of Landscape Pattern," *Landscape Ecology*, pp. 153 – 162.

[366] O'Neill, R. V. , Milne, B. T. , Turner, M. G. , et al. , 1988, "Resource Utilization Scales and Landscape Pattern," *Landscape Ecology*, pp. 63 – 69.

[367] Orman, R. T. T. , Alexander, L. E. , 1998, "Roads and Their Major Ecological Effects," *Annual Review of Ecology and Systematics*, pp. 207 – 231.

[368] Peterson, G. D. , 2002, "Contagious Disturbance, Ecologi-

cal Memory, and the Emergence of Landscape Pattern," *Eco-systems*, *pp*. 329 – 338.

[369] Powell, S. R. A. , 1996, "An Evaluation of the Accuracy of Kernel Density Estimators for Home Range Analysis," *Ecology*, pp. 2075 – 2085.

[370] Qier, A. , Haizhong, A. , Wei, F. , et al. , 2014, "Embodied Energy Flow Network of Chinese Industries: A Complex Network Theory Based Analysis," *Energy Procedia*, pp. 369 – 372.

[371] Radeloff, H. V. C. , 2004, "Roads and Landscape Pattern in Northern Wisconsin Based on a Comparison of Four Road Data Dources," *Conservation Biology*, pp. 1233 – 1244.

[372] Riiters, K. H. , O' Neill, R. V. , Hunsacker, C. T. , et al. , 1995, "A Factor Analysis of Landscape Pattern and Structure Metrics," *Landscape Ecology*, pp. 23 – 39.

[373] Robert, H. , *Gardner, Robert, V. O. , Neill Patern*, 1990, *Process and Predictablity: The Use of Neutral Models for Landscape Analysis, Quantitative Methods in Landscape* (New York: Springer – Verlag) .

[374] Sandra, J. , Robert, V. , O'Neill etc. , 1990, *Pattern and Scale: Statistics for Landscape Ecology, Quantiative Methods in Landscape Ecology* (New York: Springer – Verlag) .

[375] Scott, M. J. , Bilyard, G. R. , Link, S. O. , et al. , 1998, "Valuation of Ecological Resources and Functions," *Environmental Management*, pp. 49 – 68.

[376] 1999, "Selecting Marine Reserves Using Habitats and Species

Assemblages as Surrogates for Biological Diversity," *Ecological Applications*, p. 691.

[377] Shanmei, L. , Xiaohao, X. , Fei, W. , et al. , 2015, "Topological Structure of US Flight Network Based on Complex Network Theory," *Transactions of Nanjing University of Aeronautics & Astronautics*, pp. 555 – 559.

[378] Shao, W. , Peizheng, L. , Guangde, D. , et al. , 2016, "Power System Cascading Failure Model Based on Complex Network Theory, with Consideration of Corrective Control," *Electric Power Automation Equipment*.

[379] Shifa, M. A. , Bin, A. I. , 2015, "Coupling Geographical Simulation and Spatial Optimization for Harmonious Pattern Analysis by Considering Urban Sprawling and Ecological Conservation," *Acta Ecologica Sinica*.

[380] Silverman, B. W. , 1984, "Spline Smoothing: The Equivalent Variable Kernel Method," *The Annals of Statistics*, pp. 898 – 916.

[381] Soares – Filho, B. S. , Cerqueira, G. C. , Pennachin, C. L. , 2002, "Dinamica —A Stochastic Cellular Automata Model Designed to Simulate the Landscape Dynamics in an Amazonian Colonization Frontier," *Ecological Modelling*, pp. 217 – 235.

[382] Steele, J. H. , 1998, *Ecological Geography of the Sea* (Ecological Geography of the Sea Academic Press) .

[383] Stockle, C. O. , Papendick, R. I. , Saxton, K. E. , et al. , 1994, "A Framework for Evaluating the Sustainability of Agri-

cultural Production Systems," *American Journal of Alternative Agriculture*, *pp.* 45 – 50.

[384] Sun, Y. , Tang, X. , 2014, "Cascading Failure Analysis of Power Flow on Wind Power Based on Complex Network Theory," *Journal of Modern Power Systems and Clean Energy*, pp. 411 – 421.

[385] Swetnam, T. W. , Allen, C. D. , Betancourt, J. L. , 1999, "Applied Historical Ecology: Using the Past to Manage for the Future," *Ecological Applications*, pp. 1189.

[386] Tilman, D. , Wedin, D. , Knops, J. , 1996, "Productivity and Sustainability Influenced by Biodiversity in Grassland Ecosystems," *Nature*, pp. 718 – 720.

[387] Townshend, H. , 1937, "Liquidity – premium and the Theory of Value," *The Economic Journal*, pp. 157 – 169.

[388] Trevisan, M. , Padovani, L. , Capri, E. , 2000, "Nonpoint – Source Agricultural Hazard Index: A Case Study of the Province of Cremona, Italy," *Environmental Management*, pp. 577 – 584.

[389] Turner, M. G. , 1990, "Landscape Changes in Landscope Patterns in Georgia," *Photogrn Engremote Sensing*, pp. 379 – 386.

[390] Venus, M. , Mehdi, D. , Behzad, A. , 2015, "A New Peer – to – peer Topology for Video Streaming Based on Complex Network Theory," *Journal of Systems Science and Complexity*, pp. 16 – 29.

[391] Volkova, V. V. , Cristina, L. , Zhao, L. , et al. , 2012,

"Mathematical Model of Plasmid – mediated Resistance to Ceftiofur in Commensal Enteric Escherichia Coli of Cattle," *PLoS ONE*.

[392] Wang, F. , An, P. , Huang, C. , et al. , 2018, "Is Afforestation – induced Land Use Change the Main Contributor to Vegetation Dynamics in the Semiarid Region of North China?," *Ecological Indicators*, pp. 282 – 291.

[393] Wang, J. , Chen, M. , Yan, W. , et al. , 2017, "A Utility Threshold Model of Herding – panic Behavior in Evacuation under Emergencies Based on Complex Network Theory," *SIMULATION*, pp. 123 – 133.

[394] Wenli, F. , Zhigang, L. , Ping, H. , et al. , 2016, "Cascading Failure Model in Power Grids Using the Complex Network Theory," *IET Generation Transmission & Distribution*, pp. 3940 – 3949.

[395] Wickramasuriya, R. C. , Bregt, A. K. , Delden, H. V. , et al. , 2009, "The Dynamics of Shifting Cultivation Captured in an Extended Constrained Cellular Automata Land use Model," *Ecological Modelling*, pp. 2302 – 2309.

[396] Wiles, P. , 1963, "Pilkington and the Theory of Value," *The Economic Journal*, pp. 183 – 200.

[397] Wu, B. , Ma, W. , Zhu, T. , et al. , 2010, *Predicting Mechanical Properties of Hot – rolling Steel by Using RBF Network Method Based on Complex Network Theory* (International Conference on Natural Computation DBLP).

[398] Yi, Y. , Song, H. , Yu, H. , et al. , 2009, *Structural*

Characteristic Analysis of Large Scale Object - oriented Software and Its Evolution Based on Complex Network Theory (Wase International Conference on Information Engineering IEEE).

[399] Yuanze, S., 2017, *Research on Complexity Analysis of Information Systems Based on Complex Network Theory* (Advanced Information Management, Communicates, Electronic & Automation Control Conference IEEE).

[400] Yu, Q., Yue, D., Wang, Y., et al., 2018, "Optimization of Ecological Node Layout and Stability Analysis of Ecological Network in Desert oasis: A Typical Case Study of Ecological Fragile Zone Located at Deng Kou County (Inner Mongolia)," *Ecological Indicators*, pp. 304 – 318.

[401] Zhang, H., Zhuge, C. X., Zhao, X., et al., 2018, "Assessing Transfer Property and Reliability of Urban Bus Network Based on Complex Network Theory," *International Journal of Modern Physics C.*

[402] Zhang, L., Wu, J., Zhen, Y., et al., 2004, "Retracted: A GIS – based Gradient Analysis of Urban Landscape Pattern of Shanghai Metropolitan Area, China," *Landscape & Urban Planning*, pp. 0 – 16.

[403] Zhao, D., 2009, *The Research of Supply Chain Modeling Based on the Improved Complex Network Theory* (International Conference on Artificial Intelligence & Computational Intelligence IEEE Computer Society).

文中关键代码

一 生态廊道提取代码

```
# - * - coding: utf - 8 - * -
""" 

Spyder Editor

This is a temporary script file.
"""


import arcpy
from arcpy. sa import *
arcpy. CheckOutExtension (" Spatial")
arcpy. MakeRasterLayer_ management (" E: /run/sourcer"," sour")
arcpy. MakeRasterLayer_ management (" E: /run/cumula"," friction")
i = 1
try:
while i < 123:
print [" i = " + str (i)]
arcpy. SelectLayerByAttribute_ management [" sour"," NEW _ SELECTION"," \ " VALUE \ " = " + str (i)]
```

```
cd = CostDistance（"sour","friction","",""）

print ["cd" + str（i）]

bl = CostBackLink（"sour","friction","",""）

print ["bl" + str（i）]

j = i + 1

print ["j = " + str（j）]

while j < i

    arcpy. SelectLayerByAttribute_ management ["sour"," NEW
_ SELECTION"," \ " VALUE \ " = " + str（j）]

    cp = CostPath（"sour", cd, bl," EACH_ ZONE",""）

    savedir = " E：/run/line/" + str（i） + " _ " + str（j）
+ " . shp"

    try：

        arcpy. RasterToPolyline _ conversion（cp, savedir," NODA-
TA", 50," NO_ SIMPLIFY"）

    except Exception as err：

        print（err）

        print [x" err_ at" + str（i） + " _ " + str（j）]

        j = j + 1

    else：

        j = j + 1

    i = i + 1

except：

    print [" error at ：i," + str（i）]
```

二　恢复鲁棒性代码

```
%% 节点恢复鲁棒性
clear
clc
%% 读取 excel
str1 = ´juzhen_ wuquan_ quanbu´;
str2 = ´.xlsx´; [str1, str2];
str3 = ´-恢复鲁棒性´;
Aplot = xlsread ([str1, str2]);
N = size (Aplot, 1);
Nr = 0;
%% 节点恢复参数初始化
xNr = 0: 1: N - 1;
yDM = zeros (N, 1);
yDR = zeros (N, 1);
yNdm = zeros (N, 1);
yNdr = zeros (N, 1);
Nd = 0;
%% 边恢复参数初始化
yEM = zeros (N, 1);
yER = zeros (N, 1);
yMrm = zeros (N, 1);
yMem = zeros (N, 1);
yMrr = zeros (N, 1);
```

```
yMer = zeros（N，1）；

Mr = 0；

Me = 0；

%% 求每个节点的度

Countdgree = zeros（N，1）；

for i = 1：N

Connect = find［Aplot（i，:）  = = 1］；

Countdgree（i）= size（Connect，2）；

end

［B，index］= sort（Countdgree，′descend′）；    % 按度从大到
小排列

%%          节点恢复鲁棒性

%%          D（初始）

yDM（1）= 1；

yDR（1）= 1；

%%              1. Malicious Attack 恶意攻击

for Nr = 1：N − 1

Nd = 0；

for i = 1：Nr

Connect = find｛Aplot［index（i），:］= = 1｝；

Intersect = intersect［index（1：Nr），Connect］；

if size（Intersect，1）< size（Connect，2）

Nd = Nd + 1；

end

end

% 保存 Nd
```

```
yNdm （Nr + 1） = Nd；

end

%%                  R （计算 R）

for i = 1：N - 1

yDM （i + 1） = 1 - ［xNr （i + 1） - yNdm （i + 1）］/N；

end

%%               2. Random Attack 随机攻击

iRandom （:, 1） = randperm （N）；

for Nr = 1：N - 1

Nd = 0；

for i = 1：Nr

Connect = find ｛Aplot ［iRandom （i）,:］ = = 1｝；

Intersect = intersect ［iRandom （1：Nr）, Connect］；

if size （Intersect, 1） < size （Connect, 2）

Nd = Nd + 1；

end

end

% 保存 Nd

yNdr （Nr + 1） = Nd；

end

%%                  R （计算 R）

for i = 1：N - 1

yDR （i + 1） = 1 - ［xNr （i + 1） - yNdr （i + 1）］/N；

end

%%               绘图 （节点恢复鲁棒性）

%%               边恢复鲁棒性
```

```
%%              M 总边数
[row, col] = find (Aplot == 1);
M = size (row, 1) /2;
%%              E (初始)
yEM (1) = 1;
yER (1) = 1;
%%              1. Malicious Attack 恶意攻击
for Nr = 1: N - 1
Mr = 0;
Me = 0;
for i = 1: Nr
Connect = find {Aplot [index (i), :] == 1};
Intersect = intersect [index (1: Nr), Connect];
Mr = Mr + size (Connect, 2) - size (Intersect, 1) /2; % Mr
```
值已修正，删除的边有重复的，需加上一份同时被删除的节点的
公共边，各加 1/2 相当于加 1
```
Me = Me + size (Connect, 2) - size (Intersect, 1);
end
% 保存 Mr, Me
yMrm (Nr + 1) = Mr;
yMem (Nr + 1) = Me;
end
%%              R (计算 R)
for i = 1: N - 1
yEM (i + 1) = 1 - [yMrm (i + 1) - yMem (i + 1)] /M;
end
```

```
%%              2. Random Attack 随机攻击
iRandom (:, 1) = randperm (N);
for Nr = 1: N - 1
Mr = 0;
Me = 0;
for i = 1: Nr
Connect = find {Aplot [iRandom (i),:] = = 1};
Intersect = intersect [iRandom (1: Nr), Connect];
Mr = Mr + size (Connect, 2) - size (Intersect, 1) /2;% Mr
```
值已修正，同上
```
Me = Me + size (Connect, 2) - size (Intersect, 1);
end
% 保存 Mr, Me
yMrr (Nr + 1) = Mr;
yMer (Nr + 1) = Me;
end
%%              R (计算 R)
for i = 1: N - 1
yER (i + 1) = 1 - [yMrr (i + 1) - yMer (i + 1)] /M;
end
%%
figure (1)
plot [xNr (1: 900), yDM (1: 900), ŕ];
hold on;
plot [xNr (1: 900), yDR (1: 900), b̀];
hold on;
```

```
plot [xNr (1: 900), yEM (1: 900), '--r];

hold on;

plot [xNr (1: 900), yER (1: 900), '--b];

title (恢复鲁棒性);
```

legend (节点恢复 - 恶意攻击', 节点恢复 - 随机攻击', 边恢复 - 恶意攻击', 边恢复 - 随机攻击');

```
xlabel (Nr);

ylabel (D or E);

grid on;

saveas (1, [str1, str3], png);
```

三　连接鲁棒性代码

```
%%                连接鲁棒性

clear

clc

%%                读取 excel

str1 = 随机增边 500 次;

str2 = '. xlsx'; [str1, str2];

str3 = '- 连接鲁棒性';

Aplot = xlsread ( [str1, str2]);

N = size (Aplot, 1);

Nr = 0;

xNr = 0: 1: N - 1;

yRM = zeros (N, 1);

yRR = zeros (N, 1);
```

```
yC = zeros （N, 1）；
%%            求每个节点的度
Countdgree = zeros （N, 1）；
for i = 1: N
Connect = find ［Aplot （i,:） = = 1］；
Countdgree （i） = size （Connect, 2）；
end
［B, index］ = sort （Countdgree, ‘descend’）；  %按度从大到
小排列
%%            C （初始最大连通子图中节点个数）
Bplot = sparse （Aplot）；
［a, b］ = components （Bplot）；
C = max （b）；
yC （1） = C；
%%                R （初始）
yRM （1） = yC （1） ／ ［N – xNr （1）］；
yRR （1） = yRM （1）；
%%            C （每次攻击后, 最大连通子图中节点个数）
%         AplotAtked = Aplot；
%%                1. Malicious Attack 恶意攻击
for Nr = 1: N – 1
%恶意攻击
AplotAtked = Aplot；
for i = 1: Nr
AplotAtked ［index （i）,:］ = 0；
AplotAtked ［:, index （i）］ = 0；
```

```
end
% 保存 C
Bplot = sparse （AplotAtked）;
［a，b］= components （Bplot）;
C = max （b）;
yC （Nr + 1）= C;
end
% %              R （计算 R）
for i = 1：N − 1
yRM （i + 1）= yC （i + 1）/［N − xNr （i + 1）］;
end
% %              2. Random Attack 随机攻击
iRandom （:，1）= randperm （N）;
for Nr = 1：N − 1
% 随机攻击
AplotAtked = Aplot;
for i = 1：Nr
AplotAtked ［iRandom （i），:］= zeros （N，1）;
AplotAtked ［:，iRandom （i）］= zeros （N，1）;
end
% 保存 C
Bplot = sparse （AplotAtked）;
［a，b］= components （Bplot）;
C = max （b）;
yC （Nr + 1）= C;
end
```

```
%%                R（计算 R）
for i = 1： N - 1
yRR（i + 1）= yC（i + 1）／ [N - xNr（i + 1）]；
end
%%                绘图（连接鲁棒性）
figure（1）
plot [xNr（1： 900），yRM（1： 123），'r']；
hold on；
plot [xNr（1： 900），yRR（1： 123），'b']；
title（'连接鲁棒性'）；
legend（'恶意攻击'，'随机攻击'）；
xlabel（'Nr'）；
ylabel（'R'）；
grid on；
saveas（1， [str1， str3]， 'png'）；
```

后　记

"绿水青山就是金山银山"，良好生态环境就是最公平的公共产品，是最普惠的民生福祉。我们始终铭记习近平总书记的嘱托，自觉把保护生态环境当作最广大人民的根本利益，当作关系永续发展的长远利益，当作功在当代、利在千秋的大事。

在本书中，由于西北半干旱区自然环境被破坏，生态环境也越来越差，伴随着人口增长，自然景观被人工景观代替，生境破碎、景观连通性变差、生物多样性下降、土地沙化问题严重、土壤被侵蚀、风沙灾害天气出现频率提高等一系列问题不断出现。能否真正高效率、高质量、高效益地完成林业重点生态工程规划目标和建设任务，以及林业工程对空间生态网络和景观格局改善做出多大贡献，关系以生态良好、人与自然和谐发展为标志的全面小康社会能否实现。

本书认为构建多层级的空间生态网络是维持西部半干旱区生态安全的重要保障。低层级生态源地稳定依靠高层级生态源地，高层级生态源地对于维持层级生态网络稳定具有极其重要的意义。高层级生态源地遭到破坏易影响周围低层级生态源地，以至于影响低层级生态网络稳定，引发层级网络的级联失效，导致整个网络崩溃。故本书以西北典型半干旱城市内蒙古自治区包头市为研究区，在 GIS 空间技术的支持下，利用景观生态学原理与复杂网络理论的分析方法，提取了包头市的层级生态网络，对网络空间结构、拓扑结构进行研究得到相关结论。

本书在写作过程中，得到中国社会科学院数量经济与技术经济研究所、北京林业大学多位领导和同仁的关心与帮助。由于作者水平和能力的局限，本书仍存在需要改进和完善的地方。

著　者

2020 年 5 月

图书在版编目（CIP）数据

生态网络结构与格局演变 / 刘建华著 . --北京：
社会科学文献出版社，2020.8
ISBN 978 - 7 - 5201 - 6955 - 4

Ⅰ.①生…　Ⅱ.①刘…　Ⅲ.①森林生态系统 - 研究 -
西北地区　Ⅳ.①S718.55

中国版本图书馆 CIP 数据核字（2020）第 133286 号

生态网络结构与格局演变

著　　者 / 刘建华

出 版 人 / 谢寿光
责任编辑 / 陈　颖

出　　　版 / 社会科学文献出版社·皮书出版分社（010）59367127
　　　　　　　地址：北京市北三环中路甲 29 号院华龙大厦　邮编：100029
　　　　　　　网址：www. ssap. com. cn
发　　　行 / 市场营销中心（010）59367081　59367083
印　　　装 / 三河市尚艺印装有限公司

规　　　格 / 开　本：787mm × 1092mm　1/16
　　　　　　　印　张：17　字　数：192 千字
版　　　次 / 2020 年 8 月第 1 版　2020 年 8 月第 1 次印刷
书　　　号 / ISBN 978 - 7 - 5201 - 6955 - 4
定　　　价 / 98.00 元